After Effects for アニメーション

Basic **Camera** **Effect** **CC対応改訂版**

Animation Climax Technique

素材データのダウンロード方法

本書で使用するサンプルアニメーションの素材とProjectデータは、下記URLからダウンロードできます。
バージョン：AfterEffects CC（2017）
サンプルデータ：CC（2017）対応
※Projectサンプルは全てCC（2017）のみの対応、セルやBGといった素材自体はどのバージョンでも開くことができます。

 http://www.bnn.co.jp/dl/AEFA_kaitei/

 データの著作権と使用条件

- データの著作権は作者に帰属します。複製販売、転載、添付など営利目的の使用、また非営利での配布は、固く禁じます。
- 各データの使用によるいかなる損害についても、作者と株式会社ビー・エヌ・エヌ新社は責任を負わないものとします。
- お使いのコンピューターの性能や環境によっては、データを利用できない場合があります。
- 本データにつきましては、一切のサポート等はございませんので、あらかじめご了承ください。

- AfterEffectsは、Adobe Systems Incorporatedの登録商標です。
  その他、本書に記載されているすべての会社名、製品名、商品名などは、該当する会社の商標または登録商標です。

- 本書に記載されている内容は、2017年9月現在の情報に基づいております。
  ソフトウエアの仕様やバージョン変更により、最新の情報とは異なる場合もありますのでご了承ください。

- 本書の発行にあたっては正確な記述に努めましたが、著者・出版社のいずれも本書の内容に対して何らかの保証をするものではなく、
  内容を適用した結果生じたこと、また適用できなかった結果についての、一切の責任を負いません。

PREFACE

はじめに

アニメーション制作がデジタルに移行した当初、合成作業やカメラワークはアニメーション制作ソフトウェアでおこない、必要なエフェクト加工だけでAfterEffectsを使用するという工程が主流でした。その後、数々の人によってAfterEffectsでも合成作業をおこなうことができる方法が編み出され、そこから一気に使用頻度が高まり、今ではAfterEffectsはアニメーション制作に欠かせないソフトウェアとなりました。

アニメーション制作でのAfterEffectsの使い方を教える立場となって気づいたのが、「専門の書籍はありませんか?」という質問が多いことです。アニメーション制作における合成・撮影部署の作業は、各社・各オペレーターによって千差万別であることが、書籍化への壁になっていたのかもしれません。

これからアニメーション業界を目指す人や、アニメーションを制作したいと考える人のために、なにかしら指針となるものは必要だと考え、「無いのであれば作ってしまおう」と今回の書籍化が実現しました。

私が今まで培ってきた知識とテクニックを惜しみなく紹介している内容となっています。またSTEP1からSTEP3まで徐々にAfterEffectsの機能を覚えられる形で制作していますので、これを元に基礎テクニックを身につけ、自分流に発展させていただければ幸いです。

 大平幸輝

CONTENTS

| * | はじめに | P.002 |
| * | INDEX | P.006 |

Chapter_ 01
Basic Operation

01	インターフェイスの役割	P.020
02	アニメーション制作のための素材	P.022
03	アニメーション制作のための設定	P.024
04	コンポジションを作成する	P.026
05	ファイルをフッテージとして読み込む	P.028
06	フッテージを配置する	P.032
07	エフェクトを適用する	P.034
08	フッテージの置き換え	P.036
09	各レイヤーの位置を確認する	P.038
10	タイムリマップを適用する	P.040
11	プレビューする	P.042
12	映像サイズの調整をおこなう	P.044
13	フレームレートの変更をおこなう	P.046
14	映像を書き出す（レンダリング）	P.048

Chapter_ 02
Composite Technique

01	位置関係を示す ［パン］	P.054
02	主人公に注目させる ［T.U／T.B］トラックアップ／トラックバック	P.062
03	滑り込むカット ［S.L］スライド	P.066
04	走り抜けるカット ［ジャンプスライド］	P.070
05	歩くカット ［Ｆｏｌｌｏｗ］フォロー	P.074
06	画面を揺らす ［画面動］	P.078
07	臨場感のあるユレ ［手ぶれ画面動］	P.086
08	被写体を追いかけるカメラ移動 ［つけPAN］	P.090
09	遠近感の演出 ［密着マルチ］	P.094
10	スローモーションで見せる ［ストロボ］	P.098
11	浮遊感の表現 ［セルのローリング］	P.104
12	歩行の放物線 ［フレームのローリング］	P.106

Chapter_ 03
Effect Technique

01	潤む瞳 [透過光]	p.110
02	光と影の表現 [フレア] [バラ]	p.114
03	銭湯の湯気 [DF] ディフュージョン [Fog] フォグ	p.122
04	光に包まれるイメージカット [ＢＧ透過光]	p.128
05	霧がかかる [タービュレントノイズ]	p.132
06	怖さの強調 [レイヤースタイルと色調補正]	p.136
07	後光が射す [バックライト]	p.140
08	川面に映り込む夕焼け [すだれ透過光]	p.146
09	キラキラの輝き [クロス透過光]	p.152
10	夏の日差し [入射光]	p.164
11	夏祭りの大菊花火 [花火]	p.168
12	魔法シューティングスター [3Dパーティクル]	p.176
13	群衆大移動 [パーティクル]	p.182
14	集まる光 [オーラ光と筋状の光]	p.190
15	降り続く雨 [ＣＣＲａｉｎｆａｌｌとフラクタルノイズ]	p.198
16	水の中の表現 [波ガラス]	p.202
17	スピード感の表現 [ディストーション]	p.208
18	小川のせせらぎ [コースティック]	p.214
19	砕けて粉になる [粒子化]	p.218
20	めらめら燃える [炎]	p.222
21	ドラゴンの動き [モーションパス] [自動方向]	p.234
22	時空ワープ [3D Follow]	p.238
23	戦車の砲撃 [３ＤＣＧ素材の合成]	p.246
24	本のページを貼り込む [ベジェワープ]	p.260
25	パターンを貼り込む [テクスチャ貼り込み]	p.264
26	斜めFollowと回転や揺れの自動計算 [オフセット] [エクスプレッション]	p.268
27	画面動の自動計算 [エクスプレッション]	p.280
28	マルチの動きを一括管理 [エクスプレッション]	p.284

INDEX

chapter		
01	01	
	基本操作	
	[fix]	
	→ P020	

Basic Operation

chapter		
02	01	
	位置関係を示す	
	[PAN（パン）]	
	→ P054	

Composite Technique

02

主人公に注目させる

[T.U ／ T.B]
トラックアップ　トラックバック

→ P062

03

滑り込むカット

[S.L]
スライド

→ P066

04

走り抜けるカット

[ジャンプスライド]

→ P070

05

歩くカット

[Follow]
フォロー

→ P074

06	07	08	09
画面を揺らす	臨場感のあるユレ	被写体を追いかける カメラ移動	遠近感の演出
［画面動］	［手ぶれ画面動］	［つけPAN］	［密着マルチ］
→ P078	→ P086	→ P090	→ P094

📺 10	📺 11	📺 12	
スローモーションで 見せる	浮遊感の表現	歩行の放物線	
［ストロボ］	［セルのローリング］	［フレームのローリング］	
→ P098	→ P104	→ P106	

chapter **03**

Effect

Effect Technique

✛ 01	✛ 02	✛ 03
潤む瞳	光と影の表現	銭湯の湯気
［透過光］	［フレア］［バラ］	［DF（ディフュージョン）］ ［Fog（フォグ）］
→ P110	→ P114	→ P122

INDEX

⊕ 04	⊕ 05	⊕ 06	⊕ 07
光に包まれる イメージカット	霧がかかる	怖さの強調	後光が射す
［BG 透過光］	［タービュレントノイズ］	［レイヤースタイルと色調補正］	［バックライト］
→ P128	→ P132	→ P136	→ P140

⊹ 08	⊹ 09	⊹ 10	⊹ 11
川面に映り込む夕焼け	キラキラの輝き	夏の日差し	夏祭りの大菊花火
［すだれ透過光］	［クロス透過光］	［入射光］	［花火］
→ P146	→ P152	→ P164	→ P168

12	13	14	15
魔法 シューティングスター	群衆大移動	集まる光	降り続く雨
[3D パーティクル]	[パーティクル]	[オーラ光と筋状の光]	[CC Rain fall と フラクタルノイズ]
→ P176	→ P182	→ P190	→ P198

16	**17**	**18**	**19**
水の中の表現	スピード感の表現	小川のせせらぎ	砕けて粉になる
［波ガラス］	［ディストーション］	［コースティック］	［粒子化］
→ P202	→ P208	→ P214	→ P218

INDEX

⊹ 20	⊹ 21	⊹ 22	⊹ 23
めらめら燃える	ドラゴンの動き	時空ワープ	戦車の砲撃
[炎]	[モーションパス] [自動方向]	[3D Follow]	[3DCG 素材の合成]
→ P222	→ P234	→ P238	→ P246

24	25	26	27
本のページを貼り込む	パターンを貼り込む	斜め Follow と回転や揺れの自動計算	画面動の自動計算
[ベジェワープ]	[テクスチャ貼り込み]	[オフセット] [エクスプレッション]	[エクスプレッション]
→ P260	→ P264	→ P268	→ P280

28

**マルチの動きを
一括管理**

［エクスプレッション］

→ P284

chapter 01　　　Basic Operation

Chapter 01

Basic Operation

AfterEffectsの基本機能の紹介と、アニメーション映像を制作するために必要な設定方法を解説します。
「FIX（フィックス）」と呼ばれるカメラワークのないアニメ映像制作を通して、一連の基本操作を把握しましょう。

sample data

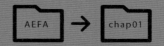

カメラサイズ ： 2143px × 1267 px
デュレーション：48コマ

chapter 01 | Basic Operation 01

インターフェイスの役割

まずは After Effects のインターフェイスから紹介します。
作業に合わせて「アニメーション」や「エフェクト」といった
プリセットが用意されていたり、自分流にカスタマイズすることもできます。
本書では「標準」を基準に紹介します。

1 プロジェクトパネル

ここに動画・静止画・音声ファイル等、使用するフッテージ（素材）を読み込みます。
読み込みだけでなく、再読み込み・置き替え・設定変換などもこのパネルでおこないます。

2 タイムラインパネル

読み込んだフッテージを時間軸に沿ってレイヤーとして配置します。レイヤーの順序の操作、動きやエフェクトの設定もここでおこないます。

3 コンポジションパネル

タイムラインパネルで組み立てた結果がここに表示されます。
また、直接レイヤーの移動や大きさの変更、エフェクトの調整もおこなうことが出来ます。

4 ツールパネル

さまざまな操作をおこなうためのツールがあり、必要に応じてツールを切り替えます。
コンポジションパネル内でレイヤーに変更を加える際によく使用します。

5 エフェクト＆プリセットパネル

すべてのエフェクトがここに収められています。
このパネルから直接エフェクトを加えることができます。
また、エフェクトが組み合わさった効果「アニメーションプリセット」も用意されています。

6 エフェクトコントロールパネル

エフェクトを適用すると自動でパネルが現れます。ここで、エフェクトの詳細設定や適用順序の変更をおこないます。プロジェクトパネルと同じ場所に表示されるため、タブで切り替えて使用します。

7 プレビューパネル

タイムラインパネルで作成した動きを、コンポジションパネルでプレビュー（確認）するときに使用します。
プレビューの設定もここでおこないます。

8 ワークスペース

ここにはあらかじめいくつかのワークスペースが登録されています。「アニメーション」や「エフェクト」など作業に応じたプリセットが用意されていますが、初めは「標準」をおすすめします。また、最初の配置に戻したい時には、［標準］を右クリック→［保存したレイアウトにリセット］で初期状態に戻すことができます（［このワークスペースへの変更を保存］を使用した場合はその保存設定に戻ります）。

chapter 01 | Basic Operation 02

アニメーション制作のための素材

アニメーションを制作するにあたり、まずは必要な素材とその名前を紹介します。
今後はこのアニメーション用語で解説をおこなっていきますので、
これからアニメーションをつくろうと考えている場合は
ここを参考に素材を制作してください。

完成イメージ

[4] レイアウト

[5] 指定表

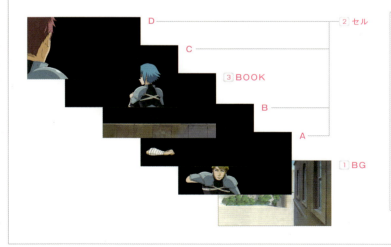

D ― [2] セル
C ―
[3] BOOK
B ―
A ―
[1] BG

[6] タイムシート

1 BG（背景）

"Background" の略で、背景のことを指します。ポスターカラーで描いた素材をスキャナーでデジタル化したものや、ペイントソフトを使用して描いたものを使用し、画面の一番奥に存在する素材です。

2 セル

画面内で動きのある素材、または背景には描き込めない素材のことを指します。会話をするキャラクターや走る車、風に揺れるカーテンなどの素材です。

セルはキャラクター別、立ち位置別などのように、複数枚に描き分けます。通常、画面奥から配置順にA・B・C…とアルファベットを頭につけて表記します。

3 BOOK（ブック）

前景のことです。机に座るシーンの机など、セルより前にある背景画は「BOOK」として単体で素材を用意し、セルの上に配置します。また前景でなくとも、背景の一部を動かすなどの理由から切り離したものもBOOKになります。

4 レイアウト

画面の設計図です。これを元にセルやBGを作成して、映像を制作します。

AfterEffectsでの作業では、このレイアウトを基準に各素材の位置や大きさを調整します。

一番外側の点線枠は、「ここまで作画・彩色しましょう」というデジタル彩色フレーム、真ん中の枠線が「ここまでが映る範囲」という意味の標準フレーム、一番内側のフレームは「この範囲内はどのテレビで映しても必ず映ります」というタイトル安全フレームです。

5 指定表

カメラワークやセルワークなど特定の素材に動きを与える場合の指示書です。

数人でのチーム作業の場合、演出意図を実際の作業者へ正確に伝えるために必要となります。

6 タイムシート

動きのある素材に対してどのタイミングでどのように動かすか、時系列で指示したシートです。映画に例えるならば「台本」の役割を果たします。上から下に時系列に流れ、各セルの動きが指定されています。

POINT

デジタル彩色をする場合、アニメーション業界では「RETAS STUDIO」などの制作ソフトを使用し、透明部分はRGBカラーモードにて［R255 ／ G255 ／ B255］の完全な白で塗りつぶします。

個人制作の場合、Photoshopなどのペイントソフトで、アルファチャンネルを作成したり、透明を保持したファイルを使用しても問題ありません。

chapter 01 | Basic Operation 03

アニメーション制作のための設定

初期設定のAfterEffectsでは、アニメーション制作には不向きな設定になっています。
制作を始める前に、アニメーション制作でのルールにしたがって、設定の変更をおこないましょう。

Step 1 時間表示形式を設定する

アニメーション制作では、時間の表示形式は、秒数ではなくフレームを使用します。[ファイル]メニュー>[プロジェクト設定]からダイアログボックスを表示します❶。[時間の表示形式]のタブをクリックします❷。初期設定では[時間の表示形式]は[タイムコード]が選択されていますが、[フレーム]に変更します❸。

❶

❷

❸

Step 2 フレーム数を設定する

アニメーション制作では、フレーム数の開始番号は「1」から始めるのがルールです。タイムシート上にフレーム番号を記入する際には「1」から始めるので、タイムシートとAfterEffectsでのフレーム開始番号とを一致させるためです。**[フレーム数]** の初期設定は「タイムコード変換」になっているので、ここをクリックして「1から開始」に変更します❶。
設定が完了したら、[OK] を押してダイアログボックスを閉じます。

❶

Step 3 シーケンスフッテージを設定する

シーケンスフッテージとは、連続する画像を1秒間に何枚ずつ切り替えて表示するか、という表示スピードの設定です。たとえるなら、パラパラ漫画をめくる速度を決めるようなものです。アニメーションでは1秒間に24枚表示するのが基本です。

[編集] メニュー>**[環境設定]** >**[読み込み設定]** を選択❶。出てきたダイアログボックスの **[シーケンスフッテージ]** を変更します。初期設定では「30」になっていますので、ここを**「24」**と入力します❷。
設定が完了したら、[OK] を押してダイアログボックスを閉じます。

❶

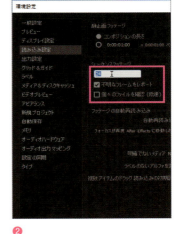

❷

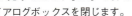

POINT

Photoshopで作成したBG（背景）など、他のソフトウェアで作成した素材を読み込む際は、そのソフトウェアで使用したカラースペースと同様の設定をおこなうことで、素材読み込み時の色の変化を抑えることができます。プロジェクト設定ダイアログボックス上部の「カラー設定」タブをクリックして、「作業用スペース」で設定します。他のソフトウェアで設定したカラースペースに合わせて変更するのですが、アニメーションでは「sRGB」をよく使用します。

chapter 01 | Basic Operation 04

コンポジションを作成する

コンポジションとはムービーを構成するための作業場のようなもので、素材の合成や動きの作成はこのコンポジションでおこないます。
ここからは、作業の基本となる「FIX（フィックス）」と呼ばれるカメラワークの無い映像を制作する手順で解説します。

1 レイアウトを読み込む

まず始めに、ダウンロードサンプル素材から画面の設計図であるレイアウトを読み込みましょう。
[ファイル]メニュー＞[読み込み]＞[ファイル]を選択します❶。
もしくはプロジェクトパネル内で右クリックからでも選択できます❷。
出てきたダイアログボックスで、読み込みたいファイルの場所を指定し、[読み込み]を押せばそのファイルをフッテージとして読み込むことができます。ダウンロードサンプル素材から［Chap01］＞［01-01「FIX」］＞［レイアウト］フォルダ＞[**LO.tga**]を読み込みましょう❸。
[LO.tga] というフッテージがプロジェクトパネルに読み込まれ、また選択状態にあることで上部に［LO.tga］の情報が表示されました❹。

❶

❷

❸

❹

Step 2 新規コンポジションを作成する

上部に[LO.tga]の情報が表示された状態で、[コンポジション]メニュー＞[新規コンポジション]を選択します❶。プロジェクトパネルの下部にある[新規コンポジションを作成]ボタンをクリックしても作成できます❷。

Step 3 コンポジション設定を入力する

コンポジションの各設定を入力するダイアログが表示されますので、まずはコンポジション名を付けます。今回は「1. 合成」と入力します。

❶[幅]と[高さ]でコンポジションのフレームサイズを設定します。まずは[縦横比を〜に固定]にチェックが入っている場合はそれを外し❷、幅と高さをすでに読み込んであるレイアウトのサイズと同じに設定します。プロジェクトパネル上部に表示されている[LO.tga]の情報を見ると[2143×1267]とあるので、幅を「2143」、高さを「1267」と入力します。

❸[ピクセル縦横比]は「正方形ピクセル」を選択します。この設定を間違えると、円が楕円として表示されるなど画像の縦横比率が変化してしまいます。

❹[フレームレート]では、映像の再生スピードを設定します。アニメーションは1秒間に24枚の静止画を表示するので「24フレーム／秒」と入力します。

❺[解像度]は「フル画質」、

❻[開始フレーム]は「00001」となっていることを確認します。

[デュレーション]では、映像の長さ（尺）を設定します。1秒間に24枚の静止画が表示されますので、1秒の映像で「24」、2秒では「48」…とフレーム単位で入力をおこないます。このフレームのことをアニメーションでは「コマ」と呼びます。

制作する映像のデュレーションはタイムシートで確認しましょう❼。今回は、タイムシートでは2秒の映像ですので、48コマ（フレーム）と入力します。

[OK]を押すと、タイムラインパネルとコンポジションパネルが作成されます。同時に、プロジェクトパネルにも作成したコンポジションが登録されます❽。

chapter 01 | Basic Operation 05

ファイルをフッテージとして読み込む

コンポジションを作成し終えたら、
使用するファイル全てをフッテージ（素材）としてプロジェクトパネルに読み込みます。
ダウンロードサンプル素材を使って、アニメ制作独特の読み込み方法を解説します。

Step 1 フッテージを読み込む

［**ファイル**］メニュー＞［**読み込み**］＞［**複数ファイル**］を選択します❶。また、プロジェクトパネル内で右クリックしても［読み込み］を表示できます❷。出てきたダイアログボックスで、読み込みたいファイルの場所を指定し、［読み込み］を押せばそのファイルをフッテージ（素材）として読み込むことができます。
1回の読み込みで終了する場合は、［ファイル］を選択しますが、読み込むファイルが複数あるときには［複数ファイル］を選択すると便利です。［終了］を押すまで何度でも読み込みダイアログボックスが自動的に開いてくれます。

❶

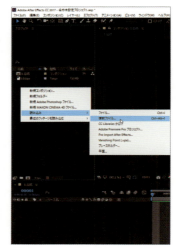

❷

Step 2　A セル、B セル、D セルを読み込む

ダウンロードサンプルから［Chap01］＞［01-01「FIX」］＞［白抜き・アンチ未処理］＞［A セル］フォルダ＞［A_0001.tga］を読み込んでみましょう❶。

［A_0001.tga］というフッテージがプロジェクトパネルに読み込まれました❷。

同様に、B セル（B_0001.tga）と D セル（D_0001.tga）も読み込みます。

❶

❷

Step 3　C セルを読み込む（複数ファイルの場合）

C セルは、4 枚の連続したファイルです。このようにファイルが連番で複数ある場合は、1 つにまとめた「シーケンス」フッテージとして読み込みます。どれか 1 つのファイルを選択しますが、後の作業の混乱を防ぐためにも、先頭の「C_0001.tga」を選びます。

連番ファイルの場合は、選択するとダイアログボックス下の［シーケンス］にチェックが入ります。チェックが入っていることを確認して❶、［読み込む］をクリックして完了です。シーケンスフッテージは、プロジェクトパネル上では、❷のようなアイコンとして表示されます。

セルはファイルが 1 枚の時は［シーケンス］にチェックは入れずに単一フッテージで読み込み、2 枚以上の連番を読み込む場合は［シーケンス］にチェックを入れてシーケンスフッテージとして読み込みます。

❶

❷

Step 4 BGを読み込む（Photoshop形式の場合）

BGはレイヤー構造を持ったままのPhotoshop形式のファイルです。レイヤー構造を持ったファイルを読み込むと、❶のような画面が表示され、1枚に統合して読み込むか、レイヤー構造を保ったままで読み込むかを選択できます。

今回は、レイヤー構造を保ったままの状態で読み込みたいので、[読み込みの種類]＞[コンポジション]を選択します❷。

[コンポジション]で読み込んだフッテージは、プロジェクトパネル上では、❸のようにレイヤーを保ったままの状態で表示されます。

❶

❷

❸

Step 5 BOOKを読み込む（アルファチャンネルがある場合）

BOOKは、アルファチャンネルを持ったPhotoshopデータです。アルファチャンネルとは、透明度を設定できるチャンネルで、アルファチャンネルを持ったファイルを読み込むと❶のような画面が表示されます。「ストレート」か「合成チャンネル」か、ファイルに適した形式を選択します。

どちらかわからない場合は、[自動設定]ボタンを押すと、自動で設定してくれます❷。もし読み込んだフッテージのエッジに線が出る（ハロー現象やフリンジ）❸ようなら、設定が間違っています。

変更する場合は、プロジェクトパネルにある**フッテージを右クリック＞[フッテージの変換]＞[メイン]**を選択すれば、再度ダイアログボックスが表示されます❹。

今回は、[自動設定]ボタンを押して合成チャンネルで読み込みます。

❸左が正。右はハロー現象の状態

❶

❷

❹

POINT

アルファチャンネルとは、色を構成するRGBチャンネルに加えて、透明度を設定するチャンネルで、これにより透明や半透明部分を作成できます。

「ストレート」とは、透明度情報がアルファチャンネルのみに保存されたファイル、「合成」とは、透明度情報がアルファチャンネルとRGBチャンネルの両方に保存されたファイルです。

そのことからストレートチャンネルの画像はエッジ部分の色が保持されやすくなり、合成チャンネルに比べて少し強く表示されます。合成チャンネルの画像はエッジ部分の色がストレートチャンネルに比べ少し薄く表示されるので合成がなじみやすくなります。

6 指定表を読み込む

指定表がある場合はそれも読み込みます。今回のサンプル素材では指定表はないので、これですべてのファイルをフッテージとして読み込みました❶。

POINT

読み込んだフッテージの元ファイルは移動や削除してはいけません。AfterEffectsは、フッテージとして読み込んだ元ファイルの場所を参照リンクとして記憶しますので、読み込み後に元ファイルの移動や削除、名前の変更をおこなうと、リンクが壊れてフッテージの元ファイルの場所がわからなくなり、カラーバーが表示されてしまいます。リンクを再設定する手順は、[01-08]（P36）で説明します。

chapter 01 | Basic Operation 06

フッテージを配置する

プロジェクトパネルに読み込んだフッテージを、
タイムラインパネルにレイヤーとして配置します。
配置したレイヤー上で、位置や大きさを変更したり、時系列に沿って
動きをつける作業を進めることができます。

Step 1 フッテージをレイヤーとして配置する

プロジェクトパネルからフッテージをドラッグして、タイムラインパネルに配置します❶。プロジェクトパネル内に作成されたコンポジションにドラッグしても同様です❷。
配置の際は、レイヤーの順序が重要です。タイムラインパネルでは上に置いたレイヤーほど、カメラに近く手前に映ります。

実際に配置してみましょう。奥から順に配置するので、BG（背景）→A→B→C→Dと積み重ねます。BGは、フォルダの中に入っているフッテージではなく、種類に「コンポジション」と書かれているコンポジションアイコンのついたBGフッテージを配置します❸。
BOOKをどの位置に置くかは、タイムシートに指示が入っています。

今回はAセルとBセルの間です。
レイアウトはセルやBGといった他のレイヤーの位置や大きさの目安となりますので、一番上に置きます。
指定表はカメラワークやセルワークが必要な時だけ使用しますので、レイアウトの下に置きます。今回は指定表はないので、これですべてのフッテージをレイヤーとしてタイムラインに配置しました❹。

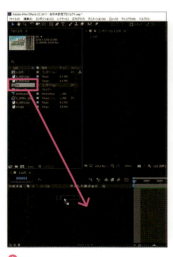
❶

❷

❸

❹

Step 2 コンポジションパネルの設定

タイムラインにフッテージをレイヤーとして配置したことで、コンポジションパネルにレイヤーの合成結果が表示されました。合成結果の画質はコンポジション下部の[**解像度**]で設定できます。解像度を下げると表示速度を優先してくれますが、今回は画質優先で[**フル画質**]に設定します❶。

表示の拡大縮小はコンポジションパネルの左下にある[**拡大率**]で変更ができます。[**全体表示**]を選択すると、コンポジションパネルの大きさに合わせて表示の位置と拡大率も自動で変更してくれます❷。

また、[**手のひらツール**]を選択して❸、コンポジションパネル内でドラッグすることで表示の位置を移動させることもできます❹。

❸

❶

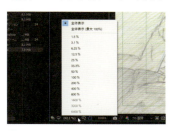
❷

❹

POINT

矢印ツール選択時❶、コンポジションパネル内でドラッグすることでレイヤーの位置を移動させることができます❷。直観的な操作ができる反面、うっかりレイヤーを動かしてしまうミスも起きやすいので注意が必要です。

❶

❷

POINT

プロジェクト内にあるフッテージをダブルクリックすると[フッテージパネル]が❶、タイムラインパネル内にあるレイヤーをダブルクリックすると[レイヤーパネル]が開きます❷。
それぞれ、上部のタブで切り替えや閉じることができるので、レイヤーの合成結果が見たいときはコンポジションパネルを、レイヤーやフッテージを単一で確認したい場合はそれぞれをダブルクリックして確認します❸。

❶

❷

❸

chapter 01 | Basic Operation 07

エフェクトを適用する

レイヤーに特殊効果を加えるのがエフェクトです。
ここでは、セルの余白部分を透明にするエフェクトを適用する作業を通して、
基本的なエフェクト適用の手順を解説します。

1 適用するレイヤーを選択

タイムラインパネルに読み込んだセルには白い余白部分があり、このままでは下にあるレイヤーが見えない状態です。この白部分を透明にして、下のレイヤーと合成する「白抜き」作業をおこないます。
まずタイムラインパネルの一番上に置いてある**レイアウト**レイヤーのビデオスイッチをクリックして非表示にします❶。これで、今回エフェクトを適用する**D セル**がコンポジションパネルに表示されます❷。

2 ［カラーキー］エフェクトを適用

D セルレイヤーを選択した状態で、
［エフェクト＆プリセット］パネル
＞［旧バージョン］＞［カラーキー］
をダブルクリック❶。これで、［カラーキー］エフェクトが適用され、画面左上のエフェクトコントロールパネルに［カラーキー］が表示されます❷。

3 キーカラーを選択

表示された[**カラーキー**]から[**キーカラー**]の**スポイト**を選び、セルの透明部分であるRGB255Allで塗った白部分をクリックします❶。
これでDセルの白部分が透明になり、下のCセルが見えるようになりました❷。
同様にA・B・Cセルにも[カラーキー]を使用して白抜きをおこないます。

❶

❷

 # POINT

通常のアニメーション制作では、この段階で[アンチエイリアス]処理のエフェクトも適用します。
アンチエイリアスとは、画像の線部分がギザギザになっている「ジャギー」と呼ばれる状態から滑らかな線にする処理のことを言います。アンチエイリアス処理のエフェクトは残念ながら初期設定のAfterEffectsには入っていません。プラグインとして販売、無料配布しているサイトがありますので、利用規約を読んだ上で各自の責任で使用してください。今回はアンチエイリアス処理をおこなわず、既にアンチエイリアス処理をおこなったサンプルを用意していますのでこちらを使用します。

ジャギーのかかった画像

アンチエイリアス処理後

chapter 01 | Basic Operation 08

フッテージの置き替え

フッテージの置き換えは、タイムラインパネルに配置してスケール・位置を変更したり
エフェクトを適用した後にフッテージを置き替えたい時や、
リンクが壊れてカラーバー表示になったフッテージのリンクを再設定するときに便利な方法です。
ここでは、アンチエイリアス処理済みのフッテージに置き替える作業で解説します。

 1 フッテージを置き替える

Aセル（A_0001.tga）を置き替えま
しょう。エフェクトを適用したこと
で左上がエフェクトコントロールパ
ネルの表示になっているのでタブで
切り替えるか**シェブロンメニュー**
（>>） からプロジェクトパネルに切り
替えます❶。プロジェクトパネル内
のAセル（A_0001.tga）を**右クリッ**
ク＞［フッテージの置き替え］＞
［ファイル］を選びます❷。

置き替え先のファイルを選択しま
す。今回は［Chap01］＞［01-01
「FIX」］＞［白抜き・アンチ処理済］
＞［Aセル］フォルダ＞［A_0001.
tga］を選びます。これで、置き替
え前のレイヤーに加えていたエフェ
クトや位置等の情報は、そのまま
置き替え後のレイヤーにも引き継
がれました❸。

❶

❷

❸

Step 2 フッテージの設定を変換する

白抜き処理をおこなったフッテージに置き替えたにもかかわらず、透明部分が現れません。これは置き替え前の設定が引き継がれ、置き替え先のアルファチャンネル処理が無視されているためです❶。
再び、置き替えたAセルを**右クリック**>[**フッテージを変換**]>[**メイン**]を選択❷。ダイアログの[アルファ]項目で[**自動設定**]をクリックして[**無視**]から[**合成チャンネル**]に切り替えます❸。これで、アルファチャンネルの透明効果により余白部分が透明となりました❹。

❶

❸

❷

❹

Step 3 不要なエフェクトを削除する

アルファチャンネルで透明が設定されたので、適用されている[カラーキー]エフェクトは削除します。タイムラインパネル内にあるAセルレイヤーを選択し、エフェクトコントロールパネルを表示させて、[カラーキー]エフェクトを「Delete」キーで削除します❶。同様にして、B・C・Dセルも入れ替えましょう。Cセルは読み込み時同様にシーケンスフッテージとして入れ替えます❷。

❶

❷

chapter 01 | Basic Operation 09

各レイヤーの位置を確認する

レイアウトを元に、全レイヤーの位置や大きさを確認します。
レイアウトは映像の設計図なので、セルやBG、BOOK等の位置や
大きさをレイアウトと合わせる必要があります。

1 レイアウトを半透明表示にする

レイアウトのビデオスイッチをオンにして表示させ、その右にある「▶」をクリックし、更に表示された［トランスフォーム］の左にある［▶］をクリックして［プロパティ］を表示させます❶。

［不透明度］プロパティの100%をクリックして50%に変更します❷。するとコンポジションパネルのレイアウトが半分透けた状態になったことが確認できます❸。

❶

❷

❸

Step 2 レイヤーの位置を修正する

この状態で各レイヤーがレイアウトと位置や大きさが合っているかを確認します。セルやBOOKはレイアウトと位置や大きさが合っているのでそのままで問題ありませんが、BG（背景）は位置がずれていることがわかります❶。そこでタイムラインパネルでBGを選択し、コンポジションパネル内でドラッグしてレイアウトに合わせて位置を調整します❷。
BGには、位置調整用のレイアウトがPhotoshopレイヤーとして入っているため半透明で表示されています。レイアウト同士で位置調整をおこなうと正確に合わせることができます❸。位置調整が終わったらレイアウトは非表示にしておきましょう。
BG内のレイアウトについては、プロジェクトパネルにある［BG］をダブルクリックするとタイムラインパネル上にBGコンポジションが表示されるので、ここでLOレイヤーを非表示にします❹。
タイムラインパネル上部のタブで1.合成コンポジションに移動すると、BGのレイアウトは非表示になっています❺。

❶

❷

❸

❹

❺

POINT

位置調整をする際、タイムラインの一番上に配置しているレイアウトがすべての基準となるため、このレイアウトは動かさないようにしてください。もし心配な場合は、タイムライン左端にある「ロック」をかけておけば動かなくなります❶。

❶

chapter 01 | Basic Operation 10

タイムリマップを適用する

レイヤーの再生時間を、加速や減速・逆再生と自由に変更できるのが「タイムリマップ」です。
アニメーションは3コマに1回や2コマに1回動くといったコマ打ちを主体としていますので、
タイムリマップを頻繁に使用します。
ここでは、シーケンスとして読み込んでいるCセルの動きを設定してみましょう。

1 タイムリマップを設定する

タイムラインパネル上のCセルレイヤーを選択して[レイヤー]メニュー>[時間]>[タイムリマップ使用可能]を選択します❶。Cセルレイヤーを[右クリック]>[時間]>[タイムリマップ使用可能]からでも選択できます❷。
Cセルレイヤーのデュレーションバーが伸縮可能になり、その下に「タイムリマップ」項目が現れます❸。このデュレーションバーは、レイヤーが表示される時間を現しています。
Cセルは、最後まで表示させたいので、デュレーションバーのアウトポイントを最後までドラッグさせて伸ばしておきます❹。

❶

❷

❸

❹

Step 2 キーフレームを作成する

意図するタイミングに**キーフレーム**を作成し、レイヤーを配置します。タイムリマップを使用すると、5桁の数字が現れます。ここに入力した数字と同じ番号のセル（フッテージ）がキーフレームに配置される仕組みです。

タイムシートに従って、キーフレームのタイミングにセル番号を入力していきましょう。
まず、後尾のキーフレームは必要ないので削除します。タイムシートを見ると❶、7コマ目にCセル2番が設定されているので、現在の時間インジケーターを**7コマ（00007フレーム）**に合わせて時間を移動し、タイムリマップに「00002」と入力してキーフレームを追加します❷。同様に、10コマ目にセル3番、13コマ目にセル4番を入力します❸。

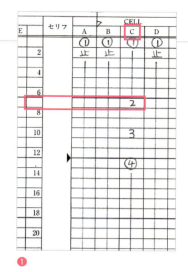

❶

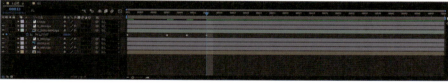

❷

❸

Step 3 キーフレームの停止を設定する

キーフレームは、2個以上作成するとその間を自動で補間、中割りしてしまいます。そのままの設定だとこちらの演出にない絵を表示してしまう可能性があるので、キーフレームの停止をおこないます。
作成したキーフレームをすべて選択して、**[アニメーション]**メニュー＞**[停止したキーフレームの切り替え]**を選択します❶。

キーフレームを停止すると、キーフレームの形が変わります。❷が初期設定の「キーフレーム間を中割り」設定です。❸はキーフレームを作成した後に停止をした設定、❹は停止をおこなった後にキーフレームを作成した状態です。
すべてのキーフレームを停止していれば、❸と❹どちらの形でも同じ結果となります。

❶

❷　　❸　　❹

chapter 01 | Basic Operation 11

プレビューする

プレビューすることで、エフェクトや設定変更など作業の結果を確認することができます。
作業ごとにプレビューを必ずおこないましょう。

Step 1 プレビューパネル

プレビューをおこなうには、プレビューパネルを使用します❶。プレビューパネルの下部をドラッグして広げると設定項目が表示されます❷。今回は初期設定でプレビューします。

❶

❷

Step 2　RAM プレビュー

プレビューパネルの［▶］をクリックするとプレビューが始まります❶。
プレビューはRAMを割り当ててプレビューします。始めにRAM割り当ての時間がかかりますが、一度再生がおこなわれるとリアルタイムに映像を確認できます。
RAMプレビューは、RAMの容量によって再生できる秒数が決まります。秒数が長かったり、複雑なコンポジションの再生をおこなった場合、すべての秒数を再生できないことがあります。その際は、プレビューパネル内の**［解像度］**を1/2や1/3に落としてRAMプレビューをおこなう❷と、画質は落ちますがその分多くの秒数を再生することができるようになります。画質よりも動きを優先して確認したい場合には活用しましょう。

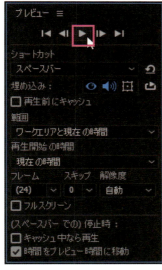

❶

❷

chapter 01 | Basic Operation 12

映像サイズの調整をおこなう

合成コンポジションでは、コンポジションのフレームサイズをレイアウトと同じサイズに設定して
合成作業をおこないましたが、映像を完成させるためには最終出力サイズに調整する必要があります。
どのメディアで映像を使用するのかに応じて設定が必要ですが、
ここではフルハイビジョンサイズで再生する設定で解説します。

1 カメラコンポジションを作成する

最終出力サイズに設定した新規コンポジションを作成します。
[コンポジション]メニュー>[新規コンポジション]を選択し、名前を「2.カメラ」とします。今回はフルハイビジョンサイズの設定にするため、フレームサイズを「幅1920」、「高さ1080」と入力します。[OK]をクリックしてサイズ調整のためのコンポジションを作成します❶。

ネスト化する

プロジェクトパネル内にある1.合成コンポジションをドラッグして2.カメラコンポジションの中に入れます❶。
コンポジションの中に別のコンポジションをレイヤーとして入れることを「ネスト化」といいます。コンポジションパネルを見ると、小さいフレームサイズに大きいフレームサイズのコンポジションをネスト化したので、画面がはみ出しています❷。

Step 3 レイアウトを使用してサイズと位置の調整をする

レイアウトを使用して1.合成コンポジションレイヤーのサイズと位置調整をおこないます。レイアウトには**「標準フレーム」**と呼ばれる、最終出力サイズのフレームが描かれています❶。
この標準フレームが2.カメラコンポジションのフレームサイズと同じようになるように調整します。まずは1.合成コンポジションへ移動します。移動はタイムラインパネル上部にある各コンポジションのタブでおこないます❷。
レイアウトを表示させて2.カメラコンポジションに戻るとこちらでもレイアウトが表示されているので、1.合成コンポジションレイヤー、トランスフォームの各［▶］をクリックしてプロパティを表示します❸。
［スケール］で拡大・縮小をおこないます。数値が表記されている部分をドラッグで左右に動かすとレイヤーが拡大縮小します❹。
数値入力も可能です。サンプルでは95.5％ほどに縮小するとスケールが合います。コンポジションパネル内でレイヤーの角をクリック&ドラッグでもスケール調整が可能ですが、縦横比を変化させないために必ずドラッグ中に「Shiftキー」を押しましょう❺。
［位置］で、レイヤーの移動をおこないます❻。コンポジションパネル内でレイヤーを直接ドラッグしても移動できますが、微調整の際はキーボードの矢印キーを使用すると便利です。少し左に寄っているので、右へ移動させます。これで最終出力サイズに調整出来ました。レイアウトは非表示にしておきます❼。

❶　　　　　❷

❸　　　❹　　　❺

❻

❼

chapter 01 | Basic Operation 13

フレームレートの変更をおこなう

映像のサイズ同様にフレームレートも、どのメディアで映像を使用するのかに応じて設定の変更が必要です。
「24」のままで使用する場合や編集の段階で変更する場合はここでの変更は必要ありませんが、変更する場合は新たなコンポジションを作成して変更します。今回は「30」に変更する設定で解説します。

1 3.fps（24＞30）コンポジションを作成する

フレームレート変更用に新規コンポジションを作成します。**[コンポジション]** メニュー＞ **[新規コンポジション]** を選択し、名前を「3.fps（24＞30）」とします。fpsとは「frames per second」の略で、フレームレートのことです。このフレームレートを「30」に変更します❶。

フレームレートが変更になったことで、デュレーションの数値も修正する必要があります。これまでのコンポジションでは1秒間に24コマでしたが、ここでは1秒間30コマです。2秒の映像なので [60] と入力します。[OK] をクリックしてフレームレート変更用のコンポジションを作成します❷。

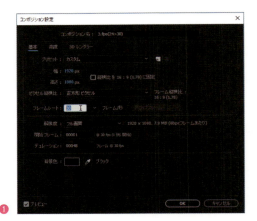

Step 2 ネスト化する

プロジェクトパネル内にある2.カメラコンポジションをドラッグして3.fps（24＞30）コンポジションの中に入れてネスト化します❶。ネスト化したことで自動でフレームレートの変更がおこなわれました。

❶

 POINT

フレームレートを24コマ→30コマに変換するに伴いデュレーションも変更しますが、この計算の際に小数が出てしまった場合、AfterEffect上では"切り捨て"が基本です。たとえば、[24フレームレート：デュレーション47コマ]の場合、[30フレームレート：デュレーション58.75コマ]になります。この場合、小数点以下は切り捨て、[58コマ]としましょう。

chapter 01 | Basic Operation 14

映像を書き出す（レンダリング）

ムービーファイルや静止画連番ファイルとして書き出しをおこなうことを「レンダリング」と呼びます。
ここまでの作業で複数のコンポジションを作成しネスト化してきたために
どのコンポジションを書き出すのかをわかりやすくするためにも
レンダリングコンポジションを作成します。

Step 1 レンダリング用コンポジションを作成する

新規コンポジションを作成します。
[コンポジション] メニュー＞**[新規コンポジション]** を選択し、名前を「4.レンダリング」とします。その他の設定は他のコンポジションで調整済なのでここでの変更はありません❶。

❶

Step 2 ネスト化する

プロジェクトパネル内にある3.fps（24＞30）コンポジションをドラッグして4.レンダリングコンポジションの中に入れてネスト化します❶。

❶

Step 3 レンダーキューを作成する

レンダリング作業には、レンダーキューを使います。タイムラインパネルで4.レンダリングコンポジションを選択している状態で[コンポジション]メニュー→[レンダーキューに追加]を選択します❶。[ファイル]メニュー→[書き出し]>[レンダーキューに追加]でも選択できます❷。
タイムラインパネルにレンダーキューパネルが開きます❸。

❶

❷

❸

Step 4 レンダリングの設定

レンダリング設定、出力モジュール、出力先を設定します。
[レンダリング設定]では解像度やフレームレートの変更などがおこなえます。今回はプリセットの中から[最良設定]を選択します❶。
[出力モジュール]は書き出すファイルの形式や出力サイズの変更がおこなえます。ロスレス圧縮をクリックすると設定ダイアログが現れるので❷、目的に合わせて選択します。今回は形式を[AVI]にします❸。
[ビデオ出力]にある[形式オプション]をクリックすると圧縮の設定ができます。今回は圧縮無しの[None]を選択します❹。[OK]で設定が完了です。最後に出力先を決めます。出力ファイル名はコンポジション名になっていますので、必要に応じて変更も可能です。今回は「FIX」と名前を変更します❺。

❶

❹

❷

❺

❸

Step 5 色深度を変更

色深度を上げるほど、グラデーション部分や光系エフェクトなどを高い精度で書き出すことができます。その反面、レンダリング時間の増加や多大なメモリを必要とします。色深度の変更は、プロジェクトパネル下部にある［8bpc］と表示されている部分で、「Alt」キー＋クリックすれば8bpc／16bpc／32bpcと切り替わります❶。今回は［16bpc］に設定します。

Step 6 レンダリングを開始する

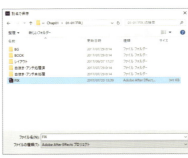

「レンダリング」ボタンを押せば、レンダリングがスタートします❶。［ファイル］メニュー＞［保存］を選択して保存します。保存場所は通常、素材の入っているフォルダ内に保存します。名前を「FIX」として保存し、作業終了となります❷。

POINT

アニメーションではタイムシートで指定されたスタートから終わりまでの映像を「カット」という単位で表現します。複数のカットを作成して編集作業で1つの映像作品へとつなげていきます。

POINT

プレビューの時はきれいだったけど、インターレース方式のTV等で映像を再生すると映像がチラつく現象が起こる可能性があります。これを「フリッカー」といいます。フリッカー防止のためのエフェクトは以下の通りです。
4.レンダリングコンポジションで［レイヤー］メニュー＞［新規］＞［調整レイヤー］を選択すると❶、透明なレイヤーがタイムラインの一番上に配置されます❷。
「調整レイヤー」は、エフェクトをかけるとレイヤーより下にあるすべてのレイヤーに同じ効果がかかります。調整レイヤーに［エフェクト＆プリセット］パネル＞［旧バージョン］＞［インターレースのちらつき削減］を適用します❸。［柔らかさ］項目を0.5〜1.2位に設定すると、縦方向に少しぼかしがかかり、フリッカーを軽減できます❹。

POINT

Adobe Media Encoderを使用すると詳細に設定したレンダリング作業がおこなえます。
［コンポジション］メニュー＞［Adobe Media Encoderキューに追加］を選択すると、Adobe Media Encoderが起動します❶。プリセットから目的の設定をドラッグして設定を置き換えたり❷、各設定項目のプリセットから選んだり❸、各設定項目をクリックすることで詳細な調整をすることもできるので❹、目的のメディアに合わせた設定を選ぶことができます。

chapter 02 | Composite Technique

Chapter 02

Composite Technique

アニメーション制作で映像に動きをつけるカメラワーク技術を紹介します。カメラワークには必ず指定表があり、それに従って作業を進めます。また、カメラワークに応じた作画や背景が必要になる場合もあります。同じカメラワークにもさまざまな作業方法があり、このやり方！という決まりはありません。各項、初心者でもわかりやすい方法で解説していますが、慣れてきたら自分流のアレンジを加え、さらなるカメラワーク効果を見つけ出すのも面白いでしょう。

sample data

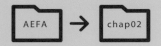

カメラサイズ　　：各レイアウトを参照
デュレーション：各タイムシートを参照

chapter 02 | Composite Technique 01

位置関係を示す
[PAN（パン）]

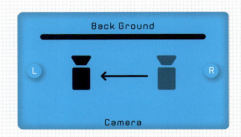

「PAN」とはカメラを縦・横・斜めへと振り、位置関係や状況の説明などをおこなうときに使用するカメラワークです。
実写でのPANは、カメラを動かさず首だけを振りますが、アニメーションにおいてのPANはレイヤーを平行移動させる作業となります。

イメージ

PAN指定表

 使用する素材

初めてのデートで憧れの男の子にほめられて赤くなってしまう女の子のカットを作成します。
男の子から女の子へと、[左→右] へ移動するPANを作成しましょう。
PANはレイヤーを移動させる作業ですので、各レイヤーは移動分だけ大判で作成されている必要があります。

合成コンポサイズ：W4106 × H1254
デュレーション：96コマ

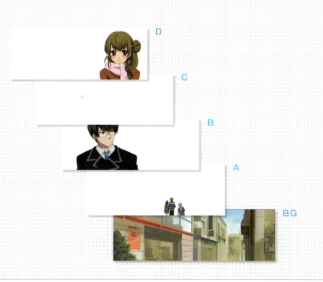

1 合成用コンポジションを作成する

はじめにレイアウトを読み込みます。続いて、合成用のコンポジションを作成します。名前を「1.合成」とし、フレームサイズはレイアウトと同じサイズの［幅 4106 × 高さ 1254］、フレームレート［24］、デュレーション［96］にします❶。プロジェクトパネルに各フッテージを読み込みます。BG は Photoshop 形式のレイヤー構造を保っていますので、コンポジションとして読み込みます❷。
各フッテージをタイムラインパネルにドラッグしてレイヤーとして配置します❸。

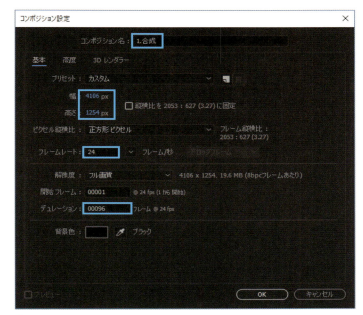

❶

❷

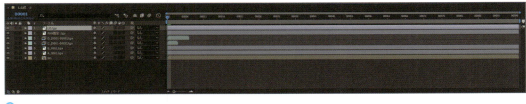

❸

各レイヤーの位置確認とタイムリマップ

レイアウトを半透明にして各レイヤーの位置確認をします❶。あとは❷のように、タイムシート通りに各セルを配置してください。

❶

❷

 ## 2. カメラコンポジションを作成する

カメラワークの場合は、2.カメラコンポジションを作成してそこへ 1.合成コンポジションをネスト化し、映像サイズの調整とともに作業をおこないます。

［コンポジション］メニュー＞［新規コンポジション］で 2.カメラコンポジションを作成しましょう。ここでのフレームサイズは仕上がりとなる［幅1920×高さ1080］です❶。作成した 2.カメラコンポジションに 1.合成コンポジションをドラッグしてネスト化します❷。ネスト化したことで 1.合成コンポジションが1つのレイヤーとなり、背景やセルを同時に動かせるようになりました。

❶

❷

Step 4　PAN 開始位置を指定する

カメラを動かすのではなく、ネスト化したレイヤーを動かすのが、アニメーションにおけるカメラワークの基本です。
今回のPANは、カメラが［左→右］へ移動する内容ですが、実際には1.合成コンポジションレイヤーを［右→左］へと動かすわけです。
カメラワークには必ず**指定表**があるので、指定表を表示させましょう。
1.合成コンポジションに戻り、PAN指定レイヤーを表示させます❶。1.合成コンポジションで表示したことで、2.カメラコンポジションでもPAN指定表が表示されました。
タイムシートに従ってPAN開始のタイミングに移動し、指定表に従って位置・サイズを指定します。開始となる**19コマ目**で1.合成コンポジションレイヤーの位置とスケールを調整して、PAN指定表の**Aフレーム**がコンポジションのフレームに合うようにします❷。
Aフレームに合わせ終えたら、ここで**キーフレーム**を作成します。
時間経過と共にレイヤーを移動させる場合には、キーフレームが必要となります。1.合成コンポジション＞トランスフォーム＞［位置］プロパティの横にある［ストップウォッチ］を選択すると、キーフレームが作成されます❸。

❶

❷

❸

5 PAN 終了位置を指定する

終了位置である**B フレーム**のキーフレームを作成します。PAN が終了する **54 コマ目**に時間を移動させ❶、コンポジションパネルで **1.合成**コンポジションレイヤーを **B フ**レームに移動させます❷。[ストップウォッチ]を選択しているので、レイヤーを移動した時点でキーフレームは自動で作成されます。
1.合成コンポジションで表示しているPAN 指定表を非表示にして**2.カメラ**コンポジションでプレビューをおこなうと、[左→右]へのPAN がおこなわれていることが確認できます❸。

❶

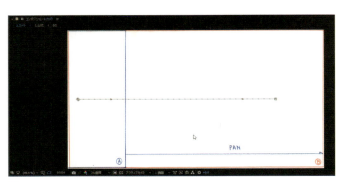

❷

❸ PAN 開始前

❸ PAN 終了

Step 6　フェアリング作成を準備する

「フェアリング」とは"ゆっくり動き始める"、"ゆっくり止まる"といった動きを指すアニメ用語です。タイムシートではPANの終わりに"ゆっくり止まる"フェアリングを加える指示が入っています。

まずはフェアリングを作成するために、タイムラインのレイヤーバーモードをグラフエディターモードに切り替えます。タイムラインパネル上部の[**グラフエディター**]ボタンを選択します❶。

1.合成コンポジションレイヤーの位置プロパティを選択すると、先ほど作成したキーフレームによる移動の変化がグラフによって表示されます❷。グラフの種類を「**速度グラフ**」に変更します。タイムラインパネル下部の[**グラフの種類とオプションを選択**]ボタンから❸[**速度グラフを編集**]を選択します❹。するとグラフが速度を表すグラフになるので、この速度グラフでフェアリングを作成します。

❶

❷

❸

❹

 ## Step 7　自動でフェアリングを加える

PAN終了のキーフレームのみを選択したら、[**アニメーション**]メニュー>[**キーフレーム補助**]>[**イージーイーズイン**]を選択するか❶、タイムラインパネル下部の[**イージーイーズイン**]ボタンを選択します❷。

すると速度グラフのカーブが変化し、PANの終わりに向かって自動でゆっくりと減速して止まる設定になりました。プレビューして確認してみましょう❸。

[**イージーイーズアウト**]は始めのみ、[**イージーイーズイン**]は終わりのみにフェアリングを加えます。[**イージーイーズアウト**]を使用する際は、開始のキーフレームを選択します。[**イージーイーズ**]は始めも終わりもフェアリングを加えます。使用する際は、開始・終了のキーフレームを両方とも選択した状態で使用しましょう。キーフレーム補助を使用したフェアリング作成は、キーフレーム間の動きに対して3分の1部分にのみフェアリングを作成するため、例えば今回のようにPAN全体の動きが36コマ、その中で終わり12コマ部分（全体の3分の1）にフェアリングの指示があるといった場合にのみ使用します。3分の1以外のタイミングでフェアリング指示がある場合は、次のSTEPの方法で設定します。

❶

❷

❸

Step 8 数値入力でフェアリングを加える

キーフレーム補助機能を使用せずにフェアリングを加える場合は、数値入力で加えます。

まずは速度グラフを元の状態に戻します。元の等速状態に戻すときは終わりのキーフレームを選択して[**アニメーション**]メニュー＞[**キーフレーム補間法**]を選択し、表示されたダイアログで[時間補間法]を[リニア]にして[OK]をクリックするか❶❷、タイムラインパネル下部の[選択したキーフレームをリニアに変換]ボタンで戻せます❸。

続いて数値入力でフェアリングを加えます。終わりのキーフレームのみ選択した状態で[アニメーション]メニュー＞[キーフレーム速度]を選択するか❹、終わりのキーフレームをダブルクリックするとダイアログが表示されます❺。

[**入る速度**]が、PANの終わりに向かっての速度を設定する部分です。[速度]を「0」にすることで、終わりのキーフレームでPANが止まります。[影響]を設定することで終わり部分にフェアリングを加えます。[影響]には、キーフレーム間の動きに対して終わり何％前から減速開始するかを入力します。今回のフェアリング部分はPANの動きの3分の1なので、「33.3333」と入力して[**OK**]を押します❻。すると速度グラフが変化し、フェアリングが加わりました❼。

❶

❷

❸

❹

❺

❻

❼

Step 9 手動でフェアリングを加える

PAN開始部分のスピード調整をおこないます。終わり部分にフェアリングを加えたことで、開始部分にも若干速度変化が加わっています。この部分をなくしたい場合は手動で速度グラフを調整します❶。
開始キーフレームのみを選択すると、そのキーフレームから伸びるハンドルが表示されるので、そのハンドルの先端部分をドラッグして速度グラフを調整します。グラフ一番下が速度［0］で、上に向かえば速度が速くなります❷。開始時を等速にしたい場合は速度グラフを平行にしますが❸、今回は少しフェアリングを加えます。タイムシートにはPAN開始時のフェアリング指示は入っていませんが、アニメーション業界では指示がない場合でも6〜8コマでフェアリングを入れるのが通例です（ただし、画面が切り替わる1コマ目と最終コマにかかる部分は、編集作業に関わってくるため指示がない限りは加えません）。
今回は6コマフェアリングを加えます。ハンドルを一番下まで下げて速度を「0」にして、表示される影響の数値を16.66％付近になるまでハンドルを伸ばします❹。
プレビューで確認し、fpsコンポ、レンダリングコンポを作成して、スピードや色深度を調整して完成です❺。

❶

❷ ❸

❸ ❹

❺

chapter 02 | Composite Technique 02

主人公に注目させる

[T.U ／ T.B（トラックアップ／トラックバック）]

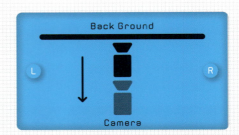

被写体に向かってカメラを近づけ（遠ざけ）て、被写体を徐々に大きく（小さく）写すカメラワークが「T.U／T.B（トラックアップ・トラックバック）」です。実写ではカメラが移動するのに対して、アニメーションでは主にレイヤーの拡大・縮小・奥行き移動で表現します。

イメージ

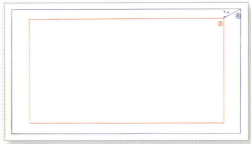

T.U 指定表

 使用する素材

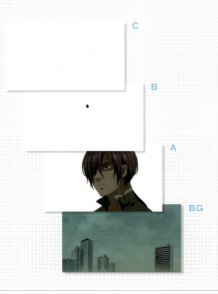

主人公にトラックアップするシーンです。指定表のAフレームからBフレームまでアップします。
T.Uには[スケール]を用いて"拡大"させる方法と、[3Dレイヤー]を用いて"カメラに近づける"方法の2パターンがあります。状況に応じて使い分けます。今回は2パターンとも解説します。

合成コンポサイズ：W2678 × H1574
デュレーション：108コマ（24fps）

1 合成用コンポジションを作成する

はじめにレイアウトを読み込みます。❶のようにレイアウトとタイムシートに従って合成コンポジションを作成します。

各フッテージをレイヤーとして配置し、レイアウトで位置確認、タイムリマップでセルをタイムシート通りに配置していきます。Bセルはタイムシートを見ると1コマから21コマまで「×」のマークが描かれています。これは「空セル（カラセル）」と言い、その部分にセルは表示しないという記号です。22コマ目からBセル1番の指示が始まっているので、この場合は1コマ目にあるBセル1番のキーフレームを22コマ目までドラッグして移動させ、デュレーションバーの先頭をドラッグしてバーを短くし、B

セル自体が22コマ目から表示されるようにします❷。

❶

❷

2 T.U 用コンポジションを作成する

T.U は PAN と同様にカメラワークですので、2.カメラコンポジションを作成して、そこへ1.合成コンポジションをネスト化し、映像サイズの調整とともに作業をおこないます。

［コンポジション］メニュー＞［新規コンポジション］で2.カメラコンポジションを作成しましょう。ここでのフレームサイズは仕上がりとなる［幅1920 × 高さ1080］です❶。

作成した2.カメラコンポジションに1.合成コンポジションをドラッグしてネスト化します❷。

これで作業の準備は完了です。

❶

❷

Step 3 「位置」と「スケール」を使ったT.U

タイムシートを見ると、今回のT.U は1コマ目＝Aフレーム→108コマ目＝Bフレームと指示されていますので、この2ヶ所の［位置］と［スケール］にキーフレームを作成します。
1. 合成コンポジションでT.U 指定レイヤーを表示してから❶、再び
2. カメラコンポジションに戻り、コンポジションパネルで、Aフレームに合うように位置とスケールを調整します❷。調整を終えたら、タイムラインパネル＞**1. 合成**コンポジションレイヤー＞トランスフォーム＞［**位置**］と［**スケール**］の［**ストップウォッチ**］を選択し、**1コマ目**にキーフレームを作成します❸。終了となる**108コマ目**に時間を移動して❹、今度はBフレームに合うよう位置とスケールを調整すると❺、キーフレームが自動で作成され、T.U が完成しました❻。

❶

❷

❸

❹

❺

❻

 # POINT

ネスト化するまえのコンポジション内でレイヤーを縮小し、ネスト化後にコンポジションレイヤーを拡大した場合は、「コラップストランスフォーム」を選択することで縮小した情報をネスト化後のレイヤーに伝えることができ、拡大による画像の劣化を防ぐことができます。また拡大劣化を防ぐには素材をあらかじめ高解像度で作成しておきます。

コラップストランスフォーム

スイッチがオフの場合の画像

スイッチがオンの場合の画像

 # POINT

［STEP3］のスケールを使用したT.U は、作業環境への負荷が軽いというメリットがありますが、T.U 幅が大きいと速度が変化して見える場合があります。作業環境や作業時間に余裕のある場合は［STEP4］の3Dレイヤーを用いたT.U で作業を進めるなど、状況によってスケール使用法と使い分けましょう。

Step 4 「3Dレイヤー」を使用したT.U

［スケール］による"拡大"ではなく、3Dレイヤーを使って"カメラに近づける"T.U方法もあります。
まずはスケールのキーフレームのみをすべて削除して100％に戻します。続いて、ネスト化した1.合成コンポジションレイヤーを3Dレイヤー化させます。タイムラインパネル>［3Dレイヤー］スイッチを選択します❶。スイッチ列が表示されていない場合は、タイムラインパネル左下にある「レイヤースイッチ」ボタンをクリックして表示／非表示を切り替えます❷。
1.合成コンポジションレイヤーが3D化し、X軸、Y軸に加えZ軸（奥行き）が追加されます❸。このZ軸で、レイヤーをカメラから見て奥・手前に移動させることが可能になりました。
1コマ目に時間を移動し、1.合成コンポジションレイヤーをAフレームの位置に合わせます。Z軸を調整するには、コンポジションパネル内でアンカーポイント付近にカーソルを近づけてZ軸表記を左右にドラッグするか❹、トランスフォーム内の［位置］プロパティでZ軸数値を左右にドラッグします❺。
キーフレームは既に作成されているので、ストップウォッチをクリックする必要はありません。この時点でクリックしてしまうと、そのプロパティのキーフレームが全て削除されてしまいます❻。同様にして、108コマ目でBフレームに合わせます。
T.U指定レイヤーを非表示にしてプレビューして完了です❼。コンポジションパネル下部から［カスタムビュー1］にすれば、動きが3Dで確認することもできます❽。
また3Dレイヤーを使用すれば、［位置］の速度グラフ調整だけでフェアリングができ効率的です。

❶

❷

❸

❹

❺

❻

❼

❽

POINT

拡大による画像の劣化を防ぐためには［コラップストランスフォーム］を選択する必要がありますが、この場合、3Dレイヤー化をおこなっていない1.合成コンポジションの情報が伝わってしまい、2.カメラコンポジションでの3Dレイヤーが無効となってしまいます。これを防ぐには1.合成コンポジションに戻り、全てのレイヤーを3Dレイヤー化してください。

chapter 02 | Composite Technique 03

滑り込むカット
［ S.L（スライド）］

1枚の画像をスライディングさせることによって"動き"を表現するテクニックです。
車や飛行機などが動いたり、汗が流れたり、画像は変わらず位置だけが移動するような動きに適しています。
1枚の画像だけを使うので、結果として作画の負担も軽減できますが、乱用すると作品の質を下げかねませんので注意しましょう。

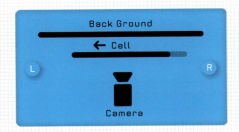

イメージ

SL 指定表

 使用する素材

主人公の天然ボケっぷりに、思わずずっこけてしまう友人という内容のカットです。
砂煙をあげながら勢いよく滑り込む女子高生はA・B・Cセル3層にまたがっています。これを1つのグループとして一括でスライド処理の設定をしていきましょう。

合成コンポサイズ：W2143 × H1260
デュレーション：84コマ

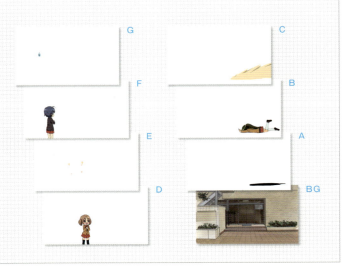

1 合成用コンポジションを作成する

レイアウトとタイムシートに沿って❶のようにコンポジションを作成します。タイムシートのMEMO欄にある「AセルWラシ（ダブラシ）60％」とは、Aセルの不透明度を60％にして透かしてくださいという指示です。タイムラインパネル＞Aセルレイヤー＞トランスフォーム＞**[不透明度]**を**「60％」**に設定します❷。

描画モードを「乗算」にして地面となじませます。タイムラインパネル左下にある「転送制御」ボタンをクリックするとタイムラインに「モード列」が表示／非表示になるので❸、Aセルの描画モードを「乗算」に設定します❹❺。

「CセルF.O」とは、Cセルをフェードアウトさせる指示で、徐々に透明にして最後は完全に消す指示です。タイムシートの指示に従って、49コマ目に時間を移動したらタイムラインパネル＞Cセルレイヤー＞トランスフォーム＞**[不透明度]**の**[ストップウォッチ]**を選択して、**[100％]**のキーフレームが66コマ目で**[0％]**となるようキーフレームを2つ作成します❻❼。

❶

❷

❸

❹

❺

❻

❼

 2 スライド指定表を表示させる

作業がしやすいよう、スライド指定表を半透明にして、セルと重ねます。タイムラインパネル＞SL指定表レイヤー＞トランスフォーム＞**[不透明度]**を**「70％」**に設定して表示させます❶。指定表にはA・B・C・Gセルそれぞれのスライド指定が描かれています。

❶

Step 3 А・B・Cセルを親子関係にする

A・B・Cセルはすべて、コケる女子高生の素材として連動していますので、それぞれを個別にスライドさせるよりも、1回で3つのセルを同時にスライドさせた方がズレもなく効率的です。

そこで、1つのセルを「親」として、親が動くと連動した子も同じ動きをする**「親子関係」**の設定をします。今回はBセルを「親」、AセルとCセルを「子」としましょう。
AセルとCセルを選択した状態で、

タイムラインパネル>**[親]**列にある**ピックウィップ**（渦巻きマーク）をクリック、Bセルへドラッグします❶。これでBセルを親としてA・B・Cセルは親子関係となりました。

❶

Step 4 開始のタイミングを指定する

親子関係にしたA・B・Cセルに対して、スライドするタイミングを指定します。タイムシートを確認すると13コマ目からスライドが開始しているので、開始地点である13コ

マ目に時間を移動させ、タイムラインパネルでBセルレイヤーを選択❶、コンポジションパネル内でBセルの画像をドラッグして指定表の「A」地点に合わせます❷。移動さ

せたら、タイムライン>Bセルレイヤー>トランスフォーム>**[位置]**の**[ストップウォッチ]**をクリックし、キーフレームを作成します❸。

❶

❷

❸

Step 5　終了のタイミングを指定する

同様にして、終了のタイミングも指定します。終了地点 **48コマ目** に時間を移動させ、Bセルレイヤーを選択した状態のまま❶、コンポジションパネル内でBセルの画像を指定表「B」地点に合わせます❷。[ストップウォッチ]が選択されていることでキーフレームが自動で作成されました。プレビューすると、親子関係を設定しているので、BセルとともにA・Cセルも、A地点からB地点へとスライドしました。

❶

❷

 Step 6　動きのスピードを設定する

最後に「フェアリング」を設定します。「フェアリング」とはクッションのことでもあり、"ゆっくり動き始める"、"ゆっくり止まる"といった動きを指示する用語です。動きのスピードを変化させるには[グラフエディター]または[キーフレーム補助]を使用します（P57～59参照）❶。
同様に、Gセルに対してもスライド設定をおこなう作業は終了です。カメラコンポ、fpsコンポ、レンダリングコンポを作成して、サイズやスピード、色深度を調整すれば完成です❷。

❶

❷

 POINT

今回のスライドの出だしにはフェアリングを加えていません。P59で、指示がなくとも6～8コマフェアリングを加えると書きましたが、今回のように等速にした方がスライディングの勢いがつくといったような場合は演出重視で加えないでおきます。

chapter 02 | Composite Technique 04

走り抜けるカット

[ジャンプスライド]

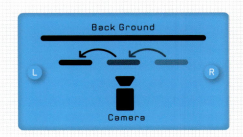

画面の端から端まで走る・歩く場面など、一定の動きの繰り返しを最小限の作画枚数で作成するテクニックが「ジャンプスライド」。けっして"手抜き"ではなく効率のよい技術なので、コレを使えば作業時間が大幅に短縮できます。

イメージ

 使用する素材

彼へのプレゼントを買いに、閉店直前のデパートを目指し、必死に走る女の子を作成します。
女の子（Bセル）が右→左へ走り抜ける処理をジャンプスライドで作成します。左端まですべて作画すると最低でも16枚必要ですが、横向きの走りは「一定の動きの繰り返し」ですので、B1〜B6までの6枚の作画×3回繰り返すジャンプスライドを使用します。

合成コンポサイズ：W2143 × H1260
デュレーション：36コマ

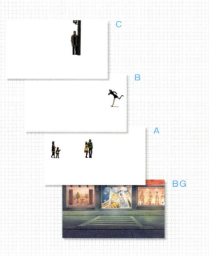

Step 1 合成用コンポジションを作成する

サンプル内にあるタイムシートを参照しながら❶のようにコンポジションを組み立てます。
BG は Photoshop 形式のレイヤー構造を保っていますので、コンポジションとして読み込みましょう。

❶

Step 2 タイムリマップを設定する

タイムリマップを使って、6枚のBセルをタイムシート通りに配置します❶。
プレビューすると、Bセルが2歩走ったところで、元の位置に戻りまた走り出すといった繰り返しになっていることが確認できます❷。
この6枚のセルでの動作を、位置を変えて繰り返すことで、走り抜けている動作を演出します。

❶

❷
12コマ目　　　　　　　　　　13コマ目、元の位置に戻った画像

Step 3 指定表を重ねる

B6セル→B1セルと戻るタイミングで、2連目のB1セルの位置を移動させます。このセルの移動位置を指示しているのが、**ジャンプスラ****イド指定表**です。
Bセルレイヤーと重ねて作業しやすいよう、タイムラインパネル＞ジャンプスライド指示レイヤー＞トランスフォーム＞[**不透明度**]を「**70%**」にして表示します❶❷。

❶　　　　　　　　　　　　　　　　　　　　❷

タイミングを指定する

タイムシートには、ジャンプスライドのタイミングが指定されています❶。タイムシートでタイミングを、ジャンプスライド指定表で位置を確認し、キーフレームを作成します。**1コマ目＝「ア」**の位置は、すでに作画の時点で合わせてありますので、位置はそのままで、Bセルレイヤー＞[トランスフォーム]＞[位置]の**[ストップウォッチ]**をクリックしてキーフレームを作成します❷❸。

2連目のタイミングは、**13コマ目＝「イ」**の位置です。時間を13コマ目に移動させ❹、Bセルレイヤーを選択。コンポジションパネルでBセルを「イ」の位置にドラッグします❺。[ストップウォッチ]が選択されているので、キーフレームが自動で作成されました。

3連目のタイミングは、**25コマ目＝「ウ」**の位置です❻。同じように、Bセルをドラッグして位置を調整します❼。

これで指示表通りにBセルを配置できました。

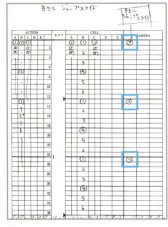

❶

❷

❹

❸

❺

❻

❼

5 キーフレームを停止にする

この状態でプレビューすると、Bセルの動きは前方に高速で走ったかと思うと突然後方に移動とおかしな動きをおこないます。
ジャンプスライドは、スライド（02-03）とは違い、キーフレームを停止にしなければなりません。[位置]の全キーフレームを選択した状態で、[アニメーション] メニュー＞**[停止したキーフレームの切り替え]** でキーフレームを停止させます❶❷。これでジャンプスライドの設定は完了です。
カメラコンポ、fpsコンポ、レンダリングコンポを作成して、サイズやスピード、色深度を調整して完成です❸。

❶

❷

❸

chapter 02 | Composite Technique 05

歩くカット

[Follow（フォロー）]

移動する被写体に対して常に距離を保ったまま追いかけて撮影するのが「フォロー」です。実写撮影の場合は移動する被写体を追ってカメラが移動しますが、アニメーションにおいてはカメラと被写体は移動させず、それ以外のキャラクターや背景を逆方向に動かすことで表現します。

イメージ

Follow 指示が書かれたレイアウト

使用する素材

放課後のある日、きれいな夕焼けのなか、家に帰る小学生という内容のカットを作成します。右→左へ歩く小学生をFollowするため、背景である夕焼けと前景の草むらを左→右へと移動させます。今回は、BGにFollowを設定する手順で解説します。

合成コンポサイズ：W2143 × H1260
デュレーション：96コマ

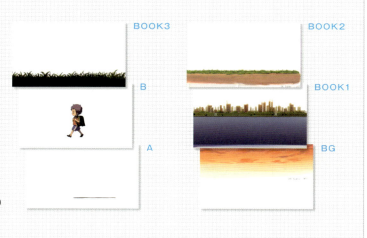

1 合成用コンポジションを作成する

レイアウトとタイムシートを参考に❶のようにコンポジションを組み立てます。BG・BOOK は Photoshop 形式のレイヤー構造を保っていますので、コンポジションとして読み込みます。また、BG・BOOK コンポジションの中にはそれぞれに LO が入っていますので、タイムラインの一番上に置いたレイアウトを基準にそれぞれ位置を修正します。
タイムシートの MEMO 欄には「A セル W ラシ（ダブラシ）75%」といった透けさせる指示が書かれているので、A セルの不透明度を 75% にして描画モードを乗算に設定して透けさせます❷❸。
描画モードが表示されていない場合は、タイムラインパネル左下にある「転送制御」ボタンをクリックするとタイムラインに「モード列」が表示されます❹。

❶

❷

❸ ❹

2 タイムシートを確認する

タイムシートの MEMO 欄を確認します。「Follow [←]」、「BG・BOOK [→]」と書かれています❶。これは、Follow の演出方向として [←（右から左）]、作業としてレイヤーを移動させる方向として BG・BOOK を [→（左から右）] という指示です。「0.125mm ／ 1K」とは、レイヤーの移動速度の指示です。Follow は PAN のように「ここからここまで移動」という指示ではなく「1 コマに ○○ mm の速度で移動」という指示をします❷。

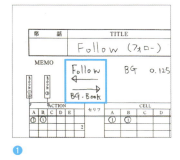

❶ ❷

3 位置情報の単位を変更する

タイムラインパネル＞BGコンポジションレイヤー＞トランスフォーム＞[位置]を表示させ、数値表記上で右クリックし[値を編集...]を選択します❶。
表示される[位置]プロパティパネルで、[単位]を「pixel」から「mm」へ変更し❷、[OK]でパネルを閉じます。
位置情報は、コンポジションパネルのフレーム左上端を原点として、レイヤーの中心点がどこに位置するかを、横方向がX軸／縦方向がY軸として現します。
注意したいのは、タイムラインパネル上での位置情報単位はpixelのまま変更できません。Followでの作業は全て「値を編集...」パネルを開いておこなうことになります。

❶

❷

---

4 移動距離を計算する

指定速度からBGの移動距離を計算しておきましょう。
作例は、1コマ目から96コマ目までの移動なので、[**95コマ（移動コマ数）× 0.125（速度）= 11.875mm**]です❶。
ここで問題になってくるのがフッテージの解像度。パネル設定は解像度72dpiが基準なので、フッテージの解像度が72dpi以外の場合は、そのまま入力しても正しい移動距離にはなりません。画像が基準の倍の144dpiの場合、10mmと入力しても、半分の5mmしか移動しないことになってしまいます。そこで、解像度72dpi以外のフッテージの場合は、使用解像度を72で割った数値で解像度による移動距離修正のための倍率を求めます。
今回は、解像度192dpiなので、[**192 ÷ 72 = 2.667**]（小数点第4位以降四捨五入）となり❷、これにさきほどの移動距離をかけて、[**11.875 × 2.667 = 31.670625mm**]が、正しい移動距離となります❸。

❶ 移動距離の計算

    95（96−1）　　　×　　　0.125　　　=　　　11.875
      コマ　　　　　　　　　　　mm/K　　　　　　　　mm
  [移動コマ数]　　　　　[1コマあたりの速度]　　　[移動距離]

❷ 解像度倍率の計算

      192　　　　　÷　　　　72　　　=　　　2.667
      dpi　　　　　　　　　　dpi　　　　　　　　　倍
  [画像解像度]　　　　　[基準解像度]　　　　[72dpiに対する倍率]

❸ 72dpiでの移動距離に換算

  11.875（❶）　　×　　2.667（❷）　　=　　31.670625
    mm　　　　　　　　　倍　　　　　　　　　mm @ 72dpi
  [移動距離]　　　　[72dpiに対する倍率]　　　[入力する移動距離]

Step 5 移動距離を入力する

計算した移動距離をもとに、BGを移動させます。まずは、タイムライン＞BGコンポジション＞トランスフォーム＞[位置]にある[ストップウォッチ]を選択して、移動開始となる1コマ目にキーフレームを作成します❶。

移動終了である**96コマ目**に時間を移動させ❷、再び[**値を編集…**]から位置プロパティパネルを表示し、横方向Xの数値を設定します。現在の位置「**-24.0464**」に「**+31.670625**」と追加入力し、右方向へ移動させます❸。自動計算でX値が「**7.6242**」となりました。[**OK**]でパネルを閉じると96コマ目にキーフレームが作成されました❹。

BOOK1・2・3も同様にそれぞれの指定速度でFollowさせます。カメラコンポ、fpsコンポ、レンダリングコンポを作成してサイズやスピード、色深度を調整して完成です❺。

❶

❸

❷

❹

❺

 ## POINT

移動距離を追加入力する際、右や下へ移動の場合は現在の位置に「+」で計算し、左や上へ移動の場合は「-」で計算します。また、斜め方向へのFollow作成方法は03-27で解説します。

 ## POINT

Followの表現で注意しなければならないのが「スベリ」現象です。
作画は2コマか3コマに1回動くのが基本ですが、Followの動きでは1コマに1回動きます。このせいで、少年の動きが止まっている間も地面が動いていることになり、滑っているように見えてしまうのが「スベリ」現象です。Followも作画のように2コマに1回動くよう設定すると、動く／止まるの高速繰り返しで画面がチカチカしフリッカー現象を起こしてしまいます。逆に作画を1コマ1回動くよう作成するには膨大な時間と労力が必要です。
一般的には、足下にモノを置いたり、曖昧なグラデーション塗りの地面にするなど、なるべく滑っていることがバレないように見せることで回避します。

chapter 02 | Composite Technique 06

画面を揺らす

[画面動]

揺れを表現する手法が「画面動」です。
縦揺れ・横揺れ・全方向揺れ・拡大縮小含み揺れと
さまざまなパターンがあり、
衝撃シーンなどで迫力を与える効果があります。
揺らしすぎは不快感にもつながるので、
納得のゆくまで微調整を繰り返し、
最適な揺れを表現しましょう。

イメージ

A ウィグラーを使用

 = 継続的なユレ

B アンカーポイントを使用

 = ランダムなユレを
アンカーポイントで指定

C モーションスケッチを使用

 = ランダムなユレを
ドラッグして指定

使用する素材

敵の攻撃を受け、吹き飛ばされて岩山に激突するカットを作成します。今回は、A／B／Cの3パターンの作成方法を解説します。それぞれに長所・短所を兼ね備えているので、状況に応じて使い分けましょう。STEP3以降は3パターンそれぞれに解説を進めます。

合成コンポサイズ：W2140 × H1260
デュレーション：48コマ

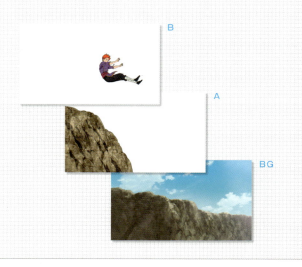

Step 1 合成用コンポジションを作成する

まずは❶のようにタイムシートに従ってコンポジションを作成します。

❶

Step 2 カメラコンポジションを作成する

❶

画面動はPANと同様にカメラワークですので、ネスト化をおこなってから作業に入ります。画面動作業の為のカメラコンポジションを新たに作成します。画面動を加えるコンポジションを新規作成する際は、最終レンダリング時と同じフレームレートにすることが重要です。画面動は基本として1コマに1回キーフレームを作成して揺れを作るので、後にフレームレートを変更すると、キーフレーム間のコマが増減するため、揺れ方が変わってしまうからです。今回は「24」→「30」**フレームレート**に変更する設定で作成します。同時に、フレームレートに従ってデュレーションも変更しましょう。今回は、「48」→「60」**コマ（2秒@30フレームレート）**へと変更します。それに合わせて名前も「2.カメラ（fps 24 > 30）」に、サイズは「1920 × 1080」とします❶。

Step A3 ウィグラーを使用した画面動

継続的な振動を作成する場合は、キーフレームをランダムな数値で一発作成してくれる**[ウィグラー]**が便利です。始点と終点のキーフレーム間に、指定した範囲内でランダム数値のキーフレームを自動作成してくれる機能です。まずは始点と終点にキーフレームを作成します。タイムシートを確認し、画面動が始まる1コマ手前と、終わる1コマ後に（始点や終点が1コマ目や最終コマの場合はそこに）キーフレームを作成します。ネスト化した1.合成コンポジションレイヤーの始点［15コマ］（12コマ@24フレームを30フレームレートに換算）、終点［60コマ］（同様に換算）の位置プロパティにキーフレームを作成します。数値変更せず追加で作成する場合は❶部分をクリックします。次に、［ウインドウ］メニュー＞［ウィグラー］を選択し❷、［ウィグラー］パネルを表示させます❸。

❶

❷

❸

Step A4 ウィグラーの設定をする

ウィグラーパネルを表示させたことでタイムラインパネルが縮小しているのでタイムナビゲーターの終了部分を右へドラッグして❶、位置プロパティに作成した2つのキーフレームを選択すると［ウィグラー］の各種設定がおこなえるようになります。

［適用先］：画面の揺れを作成するためなので「空間パス」を選択します❶。

［ノイズの種類］：激しい揺れは「ギザギザ」／柔らかい揺れは「スムーズ」です。今回は「ギザギザ」にします❷。

［次元］：「X」は横方向のみ／「Y」は縦方向のみ／「全次元同じ」はXもYも同じ数値で／「全次元個別に」はXとYは別々の数値でキーフレームを作成してくれます。今回はXとYの数値を別々に作成したいので「全次元個別に」を選択します❸。

［周波数］：フレームレートのことです。1秒間にいくつのキーフレームを作成するかの設定なので、コンポジションのフレームレートと同じ「30」と入力します❹。

［強さ］：始点と終点のキーフレーム数値を参考に、偏差の最高値を設定できます。たとえば、キーフレームの数値が「10」、強さが「2」の場合、8〜12でランダム数値のキーフレームを作成します。

今回は「強さ」を20と設定します❺。[適用]のボタンをクリックして設定は完了です❻。キーフレーム間にランダム数値のキーフレームが作成されているのが確認できます❼。

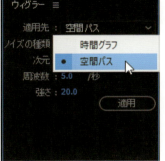
❶

❷

❸

❹

❺ ❻

❼

Step B3 アンカーポイントを使用した画面動

画面動の方向・揺れ幅・ランダム性をアンカーポイントを軸にして作成します。まずは、作業しやすいようコンポジションパネルの拡大率を「800%」に設定しておきます❶。
1.合成コンポジションレイヤーを選択すると、コンポジションパネル中央に「アンカーポイント」が表示されました。タイムシートを確認し、画面動が始まる1コマ手前にキーフレームを作成します。始点15コマ目で、[位置]プロパティにキーフレームを作成し❷、ここから1コマずつ画面動のキーフレームを作成していきます。16コマ目に時間を移動してコンポジションパネル内で1.合成コンポジションレイヤーを下方向へドラッグすると、アンカーポイントが移動したことが確認できます❸。

次の17コマ目で上方向へドラッグすると、16コマ目のアンカーポイントが残ったまま、あたらしいアンカーポイントが作成されました❹。同様にして、始点である15コマ目のアンカーポイントを中心に揺れを表現するためのキーフレームを作成します❺。

❶

❷

❸

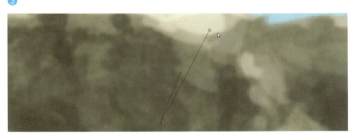
❹

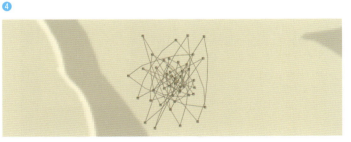
❺

Step 04 アンカーポイントの調整

振動を弱くさせるときは、中心となる15コマ目のアンカーポイントへと近づけてアンカーポイントを作成しましょう。また、修正したいキーフレームのアンカーポイントをドラッグし直せば位置を修正することができます❶。

アンカーポイントの配置によって、揺れ方を調整することもできます。始点となるアンカーポイントを中心に上下方向・左右方向・斜め方向などに集めて配置することで一方向への画面動や❷、円を描くように配置すれば柔らかめな全方向画面動が❸、「×」を描くように配置すればギザギザで強い全方向画面動が作成できます❹。

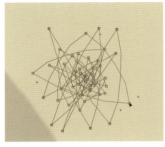
❶

❷

❸
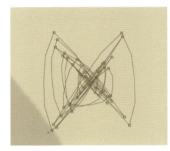
❹

Step C3 モーションスケッチを使用した画面動

画面の動きを直接書き込むので、増減やランダム性を直感的に作成することができます。

動きを書き込むためには[**モーションスケッチ**]を使用します。コンポジションパネル内でドラッグした動きがそのままキャプチャされる機能です。

[**ウィンドウ**]メニュー>[**モーションスケッチ**]を選択し❶、[モーションスケッチ]設定パネルを表示させます❷。

❶

❷

C4 モーションスケッチの設定

［モーションスケッチ］の各種設定をしましょう。
［キャプチャ速度］：キャプチャする際の映像再生速度を決められます。今回は「100％」でおこないます❶。
［スムージング］：キャプチャ時に不要なキーフレームを削除する数を決められます。数値を増やすほどキーフレーム作成が減少し、結果としてスムーズな動きとなります。今回は「1」とします❷。
［表示］：「ワイヤーフレーム」を選択するとワイヤーフレームビューとなり、「背景」を選択するとドラッグ開始時の画像のみを背景として表示します。今回は両方とも選択します❸。
［キャプチャ開始］ボタンを押すとキャプチャ開始スタンバイとなります。まだここでは押さないでおきます❹。

❶

❷

❸

❹

C5 ヌルオブジェクトレイヤーを設定する

直接、1.合成コンポジションレイヤーをキャプチャするのではなく、ヌルオブジェクトレイヤーを作成し、このレイヤー上でキャプチャします。ヌルオブジェクトは、位置やスケールといったプロパティを持ちながら、要素としては表示されない非表示レイヤーで、複数のレイヤーに親子関係で同時に動きをつけたいときなどに便利です。［レイヤー］メニュー＞［新規］＞［ヌルオブジェクト］を選択します。
作成されたヌル1レイヤーを選択し、［モーションスケッチ］パネル＞［キャプチャ開始］ボタンを押し、コンポジションパネルでクリックするとキャプチャが開始されます。画面動が起きるタイミングが来たら、動きをイメージしてドラッグします。
キャプチャの際にできたキーフレームを整理します。ヌル1レイヤーの位置プロパティに作成されたキーフレームの、先頭1コマ目のキーフレームを15コマ目に移動させ、余計なキーフレームは削除しておきます❸。

❶

❷

❸

C6 合成レイヤーと親子関係にする

ヌルレイヤーに設定した動きを、1.合成コンポジションレイヤーにも適用するために、ヌルレイヤーを親、1.合成コンポジションレイヤーを子として、親子関係にします。1.合成コンポジションレイヤーの［親］列にある［ピックウィップ］をドラッグしてヌル1レイヤーに付けます❶。

これで、親（ヌル）の動きと同じ動きを子（1.合成）がおこなうようになりました。この方法はある程度の慣れが必要です。マウスよりもペンタブレットを使用することをおすすめします。

❶

POINT

動きを加えたヌルレイヤーと親子関係にする際、動き始める前の初期位置キーフレームに現在の時間を合わせてから親子関係にします。動きの途中で親子関係にしてしまうと、そこを基準として位置プロパティが変化してしまうため、初期位置もずれてしまうことになります。また親子関係を解除するときも同様の理由で動き始める前の初期位置キーフレームに現在の時間を合わせてから解除します。

POINT

A 〜 C の 3 種類の作成方法は、それぞれ長所と短所があります。

[A：ウィグラーを使用]　　　　　する方法は、一発作成という長所の反面、増幅・減少といった変化をつけることができません。

[B：アンカーポイントを使用]　　する方法は、見た目で画面動が作成できる反面、1 コマ 1 コマドラッグしてキーフレームを作成しなければならないといった手間がかかります。

[C：モーションスケッチを使用]　する方法は、直接手の動きで画面動をつけることができる反面、ある程度の慣れが必要です。作成する画面動や制作状況に応じて、使い分けましょう。

chapter 02 | Composite Technique 07

臨場感のあるユレ
［ 手ぶれ画面動 ］

画面動の応用として、ハンディカムを持って移動したかのような手ぶれをわざと起こすことで臨場感を演出するのが「手ぶれ画面動」です。
戦闘シーンや高速で移動するシーンなどで効果的です。ただし乱用すると乗り物酔いを引き起こす可能性もあるので注意が必要です。

イメージ

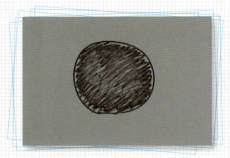

 使用する素材

森の中で幽霊と遭遇してしまうカットを作成します。
今回は、手ぶれの動きを撮影したムービーを読み込み、合成したコンポジションへ適用させる「モーショントラッキング」機能を使用して手ぶれ画面動を作成します。

合成コンポサイズ：W2135 × H1260
デュレーション：72コマ（24fps）

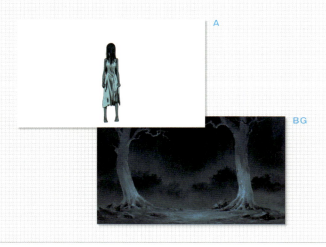

Step 1 合成用コンポジションを作成する

まずは❶のように、タイムシートに従って1.合成コンポジションを作成します。今回は「手ぶれの素.mov」というムービーファイルもあるのでそれも読み込んでおきますが、この時点ではまだ手ぶれの素をレイヤーとして配置しないでおきます。

❶

Step 2 カメラコンポジションを作成する

手ぶれ画面動はPANと同様にカメラワークですので、ネスト化をおこなってから作業をおこないます。手ぶれ画面動作業の為のコンポジションを新たに作成します❶。手振れ画面動作業用カメラコンポジションの設定は画面動の作業と同様、最終レンダリング時と同じフレームレートにすることが重要です。今回は「24」→「**30**」**フレームレート**に、デュレーションも「72」→「**90**」**コマ**（3秒@30フレームレート）へと変更します。

それに合わせて名前も「2.カメラ(fps24>30)」に、サイズは「1920×1080」とします❷。

❶

❷

Step 3 手ぶれムービーをレイヤーとして配置する

手ぶれの動きの元となるムービーをレイヤー配置します。サンプルはホワイトボードに描かれた黒丸をハンディカムで撮影したムービーです。「手ぶれの素.mov」を2.カメラコンポジションにドラッグし、一番上に配置します❶。

❶

モーショントラッキングを設定する

モーショントラッキングを使用して、**手ぶれの素.mov** ムービーの揺れを解析します。モーショントラッキングを使用すると、こちらが指定したオブジェクトの動きを解析し、他のレイヤーやエフェクトコントロールポイントへと適用することが出来ます。
[ウィンドウ] メニュー>**[トラッカー]** を選択すると❶、画面右下に[トラッカー]パネルが表示されます❷。
手ぶれの素.mov レイヤーを選択し、**[トラック]** をクリックすると

❸、手ぶれの素.mov がレイヤーパネルとして大きく表示され、解析する準備が出来ました。
[トラックの種類] を **[トランスフォーム]** とし、今回は「位置」の揺れだけを解析するので、**[位置]** のみ選択します❹。

❶

❷

❸

❹

  トラックする範囲を指定する

レイヤーパネル内に表示された **手ぶれの素.mov** を見ると、「**トラックポイント1**」と書かれた二重の四角形が表示されています❶。
この「トラックポイント1」が、解析の範囲となります。
外枠の「**検索領域**」は、トラックするオブジェクトを検索する範囲です。範囲を小さくしすぎて、この検索領域からオブジェクトが出て

しまうと正しくトラック出来なくなってしまいます。逆に、大きくしすぎると、検索する面積が増えて作業時間がかかるので注意が必要です。今回はオブジェクトの黒い丸を囲うように広げます❷。
内枠の「**ターゲット領域**」はトラック対象の位置や角度、スケールといった要素を識別します。トラック中の、常に明確に識別できるも

のを囲いましょう。今回は検索範囲と同様にオブジェクトの黒い丸を囲うように広げます❸。
中央にある「**アタッチポイント**」は、トラックによって識別した動きを他のレイヤーに適用する際の中心点となります。今回は特に中心を移動させないので、アタッチポイントはそのままの位置にしておきます。

❶

❷

❸

トラックを開始する

範囲を指定したら、解析をおこないます。[トラッカー]パネル>[再生方向へ分析]をクリックすると❶、ゆっくりと解析がおこなわれ、解析終了と共にトラックの結果がタイムラインパネルに表示されます❷。

❶

❷

  ## トラック結果を適用する

解析結果を1.合成コンポジションレイヤーに適用させます。[トラッカー]パネル>[ターゲットを設定 …]で適用先となる1.合成コンポジションレイヤーが選択されていることを確認したら[適用]をクリックします❶。
すると[モーショントラッカー適用オプション]ダイアログが表示され、「XおよびY」（横方向と縦方向）、「Xのみ」（横方向）、「Yのみ」（縦方向）と適用する方向を選択できます。今回は「XおよびY」にしましょう❷。
1.合成コンポジションレイヤーの[位置]にトラックの結果が適用されました。手ぶれの素.movレイヤーを非表示にしてプレビューすると、手ぶれムービーの動きが1.合成コンポジションレイヤーに適用されています❸。納得の動きになっていたら「手ぶれ画面動」は終了です。fps調整は済んでいるのでレンダリングコンポを作成して色深度を調整して完成です❹。

❶

❷

❸

❹

chapter 02 | Composite Technique 08

被写体を追いかけるカメラ移動

[つけ PAN]

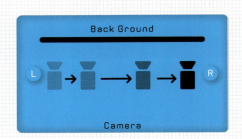

「つけ PAN」とは、被写体の動きを追うように PAN するカメラワークです。
PAN（02-01）のようにただカメラを振るのではなく、被写体を追いかけるように PAN をおこなうので、その PAN 指定はメモリで動きが細かく指定されています。

イメージ

つけ PAN 指定表

 使用する素材

仕事で疲れ果てた男がふと空を見上げると、羽が舞い落ちてくるカットです。羽の落ちるタイミングと合わせた「つけ PAN」をおこないます。
つけ PAN 指定表には計 44 のメモリが指定されているので、この指定すべてにキーフレームを作成していきます。

合成コンポサイズ：W2118 × H2394
デュレーション：96 コマ

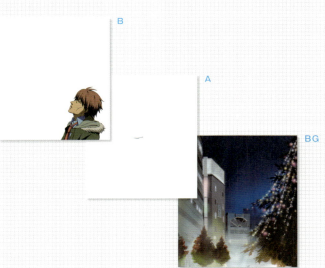

合成用コンポジションを作成する

合成用コンポジションを作成し、各フッテージを読み込みます。BGはPhotoshop形式のレイヤー構造を保っていますので、コンポジションとして読み込みます。

❶のように、タイムシートに従って1.合成コンポジションを作成します。

❶

 ## カメラコンポジションを作成する

つけPAN作業用のコンポジションを作成します。［コンポジション］メニュー＞［新規コンポジション］で2.カメラコンポジションを作成します。ここでのフレームサイズは仕上がりの［幅1920×高さ1080］で作成します❶。2.カメラコンポジションに1.合成コンポジションをドラッグして読み込ませ、ネスト化します❷。

❶　　❷

Step 3 つけ PAN 指定を設定する

「つけPAN」はPANとは違い、メモリで細かく移動をおこないます。1. 合成コンポジションに戻り、つけPAN指定を表示させ、2. カメラコンポジションに戻ります❶。
つけPAN指定表の右下に計44のメモリが指定されていることが確認できます❷。
タイムシートに従ってつけPAN開始のタイミングに移動し、指定表に従って位置・サイズを指定します。**36コマ目**に**メモリ1**の位置、という指定があるので、時間を移動させたら1. 合成コンポジションレイヤーの位置とスケールを調整して、つけPAN指定表のメモリ1がコンポジションのフレームに合うようにします❸。[位置]の[ストップウォッチ]をクリックしてキーフレームを作成します❸。
37コマ目＝メモリ2❹、38コマ目＝メモリ3❺……と繰り返し、79コマ目のメモリ44❻まで移動を繰り返しキーフレームを作成します。

❶

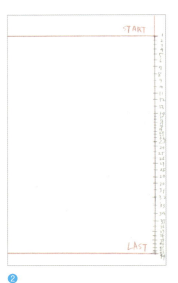

❷

❸

❸

❹ ❺ ❻

Step 4 プレビューで確認する

すべてのキーフレームが作成できたら1.合成コンポジションでつけPAN指定を非表示にして、再び2.カメラコンポジションに戻りプレビューしてみましょう。Aセルの動きを追うように、速度が随時変化しながらPANされていることが確認できます❶。これで「つけPAN」の作業は終了です。fpsコンポ、レンダリングコンポを作成してスピードや色深度を調整して完成です❷。

❶

❷

POINT

今回のように、セルもBGもカメラが動く範囲以上のサイズ（大判）で作成した素材をメモリに従って撮影するカメラワークの他によく似たカメラワークとして、追いかける被写体のみスタンダードサイズで、その他を大判で作成した素材をメモリに従って撮影するカメラワークがあります。これら2種のカメラワークは呼び方が統一されていません。アニメ会社によって「つけPAN」「Follow PAN」「目盛りPAN」とそれぞれの呼び方が変わります。

chapter 02 | Composite Technique 09

遠近感の演出

[密着マルチ]

「マルチ」とは、マルチプレーンの略で各素材を物理的に離して配置することで撮影時にピンボケや運動視差を発生させて遠近感を演出する技術ですが、「密着マルチ」は各素材をすべて密着させ、手動で異なる速度で移動させることで運動視差を生み出し、疑似的に遠近感を演出するテクニックです。

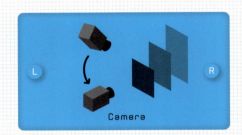

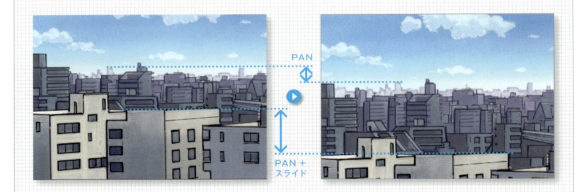

使用する素材

「PAN」と「S.L（スライド）」の組み合わせによる「密着マルチ」を作成します。背景の街並みをカメラが下→上へPANするカットですが、カメラ位置から遠い背景はゆっくりと、近くにある前景は速く下げることで、遠近感を演出します。

合成コンポサイズ：W2156 × H1333
デュレーション：144コマ

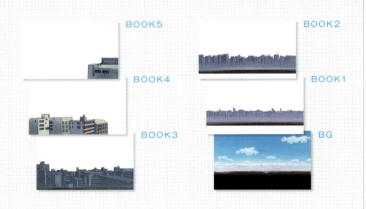

1 合成用コンポジションを作成する

まずは❶のようにタイムシートに従ってコンポジションを組み立てます。
今回は「BG only」カットのため、セル素材はありません。
BG・BOOK はすべて Photoshop 形式のレイヤー構造を保っていますので、それぞれコンポジションとして読み込みます。
また、BOOK にはアルファチャンネルは無く、Photoshop 形式で必要な部分のみを透明レイヤーに収めていますので、そのまま読み込んでください❷。各 BOOK の S.L 指定表を読み込む際、「名前が同じ」「ナンバリングされている」「ファイル形式が同じ」という、素材を読み込む際にシーケンスとして読み込む条件がそろっているため、読み込み画面でどれか一つの S.L 指定表を選択するとシーケンスオプションにチェックが入ってシーケンスとして読み込もうとします❸。指定表はシーケンスで読み込むとタイムリマップで切り替える作業が発生して手間がかかるため、それぞれ個別で読み込みます。複数選択することでシーケンスのチェックが外れるので、個別読み込みします❹。

❶

❷

❸

❹

2 スライドを作成する

今回は「PAN」と「スライド」の組み合わせですが、この場合は先にスライドを作成します。BOOK1 のスライドを作成しましょう。「BOOK1_SL 指定表」を半透明にして表示します❶。
タイムシートのスライド指示に従って、**1 コマ目＝「ア」**の位置 **→ 109 コマ目＝「イ」**の位置に**キーフレーム**を作成し、BOOK1 をスライドさせます❷❸。
フェアリング指示もあるので忘れずにつけましょう❹。

❶

❷

❸

❹

Step 3 スライド処理を確認する

同じ要領で、BOOK2・BOOK3・BOOK4・BOOK5もスライドを作成します。それぞれに加えるフェアリングは同じタイミングにします。

手動で作業が難しい場合はグラフエディターモードでキーフレームをダブルクリックして数値入力する方法で作業しましょう❶。（[02-01] P58 参照）

プレビューすると、BG 以外はスライドによって下に移動していることが確認できます❷❸。

❶

❷

❸

 ## Step 4 カメラコンポジションを作成する

今度はPANの作業に入ります。まずはカメラワーク専用のコンポジションを新規作成します。
[コンポジション] メニュー > [新規コンポジション] を選択し❶、名前を「2.カメラ」としてフレームサイズは仕上がりの [幅1920 × 高さ1080] で作成します❷。作成された2.カメラコンポジションに1.合成コンポジションをドラッグして、**ネスト化**します❸。

❶

❷

❸

Step 5　PANを作成する

1.合成コンポジションで、PAN指定表を表示させ、2.カメラコンポジションでタイムシートのタイミングとPAN指定表の位置指定を目安にキーフレームを作成します。開始となる1コマ目で1.合成コンポジションレイヤーの位置とスケールを調整して、PAN指定表のAフレームがコンポジションのフレームに合うようにします❶。
そのままタイムラインパネル＞1.合成コンポジションレイヤー＞トランスフォーム＞［位置］＞［ストップウォッチ］を選択してキーフレームを作成します❷。
109コマ目に時間を移動したら、コンポジションパネルで、1.合成コンポジションレイヤーをBの位置に移動させます。自動でキーフレームが作成されました❸❹。
このPANにも、スライド作成の際と同じタイミングでフェアリングを加えます❺。

❶

❷

❸

❹

❺

 Step 6　プレビューする

PAN指定表を非表示にしてプレビューをおこないます。
画面全体が下方向へ移動（上へPAN）する中で、BOOK1〜5はさらに速く下へ移動します（スライド）❶❷。
この移動速度の違いで、運動視差を出し遠近感を表現しています。これで密着マルチ処理は終了です❸。
［ブラー］エフェクトで一番手前や一番奥のレイヤーにわざとピンボケを起こさせ、更なるマルチ感を表現するのもよいでしょう。

❶

❷

❸

chapter 02 | Composite Technique 10

スローモーションで見せる

[ストロボ]

「ストロボ」とは、一連の動きに残像を加えてスローモーションのような効果を加えるテクニックです。
暗闇で動く被写体に連続するストロボを当てることでその動きに残像を残すように、一つ一つの動きに残像を作成していきます。
ヒロインが倒れる・魔球を打ち返すなど衝撃的な場面で使用すると効果を発揮します。

イメージ

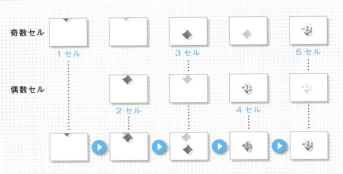

 使用する素材

大切にしていたグラスが床に落ちて割れてしまうカットを作成します。
ストロボの演出は、1枚目が消えていくと同時に2枚目が徐々に現われ、また2枚目が消えていくと同時に3枚目が徐々に現れる、といった繰り返しになります。
このために、1・3・5…の奇数セルと2・4・6の偶数セルを別コンポジションに入れて作業を進めます。

合成コンポサイズ：W2143 × H1260
デュレーション：96コマ

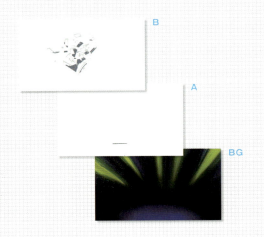

Step 1　合成用コンポジションを作成する

タイムシートに従って❶のようにコンポジションを作成します。
BG は Photoshop 形式のレイヤー構造を保っていますので、コンポジションとして読み込みます。A セルには「W ラシ」がありますので、指示通り[不透明度]を[60%]に設定し、描画モードを乗算にします。
タイムシートの通り❷、ストロボ処理をかける A・B セルは、二つに複製し、奇数／偶数と分けてキーフレームを作成することが重要です。

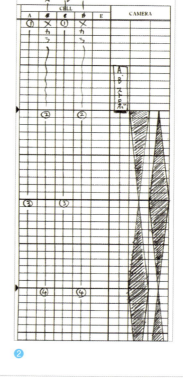

❷

❶

 2　奇数組と偶数組にラベル分けする

後の作業がしやすいように、「奇数組」と「偶数組」にラベル分けをしておきます。
ラベル機能は、フッテージやレイヤーに色ラベルを貼り、分類しやすくする機能です。タイムラインパネルの[ラベル]アイコンをクリックして色を変更します❶。
奇数組を[ブルー]にして下へ、偶数組を[レッド]にして上へ集めて配置します❷。

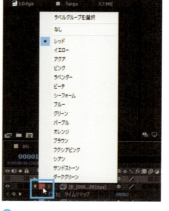

❶

❷

Step 3 奇数組と偶数組ごとにプリコンポーズする

奇数組／偶数組で分けたレイヤーを別のコンポジションとして1つにまとめます。
奇数組のすべてのレイヤーを選択し、[レイヤー] メニュー>[プリコンポーズ]を選択❶。名前を「奇数セル」とし、新規コンポジションを作成します。[全ての属性を新規コンポジションに移動]が選択されていることを確認して[OK]を押します❷。奇数セルコンポジションが新たにタイムラインパネル上に表示され、奇数番号のA・Bセルが移動しました❸。
同様に偶数組レイヤーもプリコンポーズし「偶数セル」コンポジションを作成します。

1. 合成コンポジションを見ると、奇数セルと偶数セルの二つのコンポジションがネスト化された状態となりました❹。
この2つのプリコンポジションレイヤーもそれぞれブルーとレッドでラベル分けしておきます❹。

❷

❶

❸

❹

POINT

今回の作業においては、「プリコンポーズ」したコンポジションに対しては「コラップストランスフォーム」は選択しないようにしましょう。後の作業において入れ替わる画像の重なる部分が透ける現象を起こしてしまいます。
プリコンポーズすると、選択したレイヤーが1つの画像に擬似統合されますが、コラップストランスフォームの選択により解除されてしまうことが原因です。

Step 4　不透明度指示を確認する

奇数・偶数プリコンポジションレイヤーそれぞれの不透明度にキーフレームを作成します。レイヤーを選択している状態で半角英数入力状態のキーボード「T」キーを押すことで不透明度のみを表示することができます❶。
タイムシートの「カメラ」の欄に不透明度の指定が入っています。先が細く尖る程不透明度が下がっていき、逆に太くなるほど不透明度が上がります❷。

❶

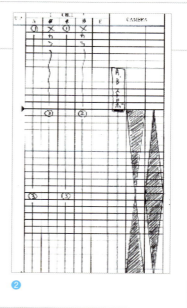
❷

Step 5　不透明度を設定する

不透明度が最小／最大のコマにキーフレームを作成します。
奇数セルの**12コマ目＝不透明度「100」**、不透明度の指示が一番細くなる**24コマ目＝不透明度「0」**でキーフレームを作成します❶。

続けて36コマ目＝「100」、48コマ目＝「0」、60コマ目＝「100」、72コマ目＝「0」、84コマ目＝「100」、96コマ目＝「0」とキーフレームを作成します❷。
同様に偶数セルも12コマ目＝「0」、

24コマ目＝「100」、36コマ目＝「0」、48コマ目＝「100」、60コマ目＝「0」、72コマ目＝「100」、84コマ目＝「0」、96コマ目＝「100」とキーフレームを作成します❸。

❶

❷

❸

透けてしまう問題を避ける

この時点でプレビューをするとスローモーション効果にはなっていますが、例えば **42コマ目** などで BG コンポジション内の LO を表示させて確認してみると、奇数セルと偶数セルが重なっている部分が透けていることがわかります ❶。

これは不透明度 50％の 2 枚のレイヤーを重ねても不透明度 100％にはならず、不透明度 50％（半分）×不透明度 50％（さらに半分）＝ 25％分は透けることになるために起こる現象です。この現象を回避するためには [アルファ追加] 描画モードを使用します。[アルファ追加] 描画モードは、透明度（アルファ）を下に配置したレイヤーと予め合成した（追加）状態でレイヤーを合成します。

上に配置して重ねる方である偶数セルプリコンポジションレイヤーの描画モードを「通常」から「アルファ追加」に変更します ❷❸。

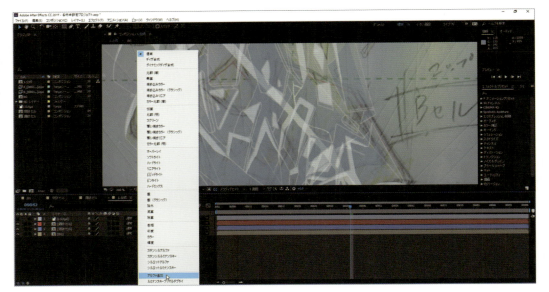

Step 7　［アルファ追加］を適用させるレイヤーをまとめる

［アルファ追加］描画モードにしたのにまだ背景が透けた状態のままです❶。

［アルファ追加］描画モードは、"下に配置されたすべてのレイヤー"と透明度を合算してしまうためBGレイヤーまで一緒に合算されているからです。この問題を回避するために［プリコンポーズ］を使って［アルファ追加］描画モードを適用させるレイヤーだけをひとまとめにします。

奇数セルと偶数セルプリコンポジションレイヤーを同時選択し❷、名前を「ストロボ」としてプリコンポーズします❸。

1. 合成コンポジションで合成結果を確認すると透けなくなっていることが確認できます❹。これでストロボの作業は終了です。

BGのLOを非表示にしてプレビューをおこなうと、セルの重なり部分が透けることなく動きが残像形式で入れ変わっていることが確認できます。

カメラコンポ、fpsコンポ、レンダリングコンポを作成してサイズやスピード、色深度を調整して完成です❺。

❶

❷

❸

❹

❺

chapter 02 | Composite Technique 11

浮遊感の表現

[セルのローリング]

基本の動作は「スライド」と同じで、それが往復運動や繰り返し運動をおこなうことで「ローリング」となります。ローリングの動きには上下動、放物線、三角形、円形、8の字など様々なパターンが存在します。
「宙に浮いている」「船に乗っている」などの浮遊感の表現や、「歩いている動き」「階段を下りる動き」などの作画のサポートとして使用されます。

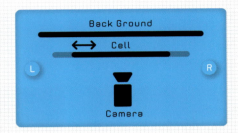

イメージ

ローリング指定表

使用する素材

宙にふわふわ浮かんでいる"愛と勇気の天使"を作成します。
基本的には、メモリに従ってセルを移動させキーフレームを作成するスライド(02-03)の手順と同様です。

合成コンポサイズ：W2131 × H1254
デュレーション：72コマ

Step 1 合成用コンポジションを作成する

タイムシートに従って❶のように、1. 合成コンポジションを組み立てます。BG は Photoshop 形式のレイヤー構造を保っていますので、コンポジションとして読み込みます。

❶

Step 2 往路をスライドさせる

ローリング指定表の不透明度を50%にして透かします❶。
タイムシートに沿って、[1]～[7]までの各メモリの位置にAセルを移動させます。**1コマ目＝メモリ1**は、すでに指定位置になっているので、そのまま**キーフレーム**を作成します❷。

3コマ目で、天使の頭を目安に**メモリ2**の位置へ移動させます。[ストップウォッチ]を選択しているので、自動でキーフレームが作成されました❸。同様に、メモリ7までキーフレームを作成します❹。

❶

❷

❸

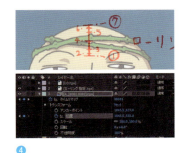
❹

Step 3 復路をスライドさせる

[7]以降は6・5・4…と復路になるので、コピー＆ペーストで最後までキーフレームを作成します。タイムシートに指示はありませんが、ローリングは往復運動なので、時間外の73コマ目にもメモリ1のキーフレームをコピー＆ペーストしてください。これをおこなわないと72コマ目のローリングが止まってしまいます❶。指定表を非表示にしてプレビューすると、Aセルが上下に往復運動を繰り返しました。ローリングは指定表のメモリに従って動かしているのでフェアリングは不要です。これで[ローリング]作業は終了なので各コンポを作成し調整をおこなったら完成です。

❶

chapter 02 | Composite Technique 12

歩行の放物線

[フレームのローリング]

基本の動作は「スライド」と同じで、それが往復運動をおこなうことで「ローリング」となります。
今回は 02-11 の[セルのローリング]とは違ってフレームを使用してのローリングとなります。更に作画のサポートとしての動きのローリングなので、最後にキーフレームの停止をおこなう必要があります。

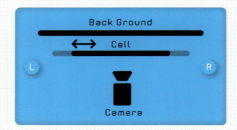

 使用する素材

イメージ

ローリング指定表

図1

図2

残業を終えた女性が帰宅の途につくカットです。歩行運動の時は、放物線を描くように上下動しますので、女性が前に向かって歩いて行く動作を、放物線のローリングで作成します。
ローリング指定表が、"セルの動き"ではなく、"フレームの動き"の指定となっていることに注意してください。[02-11]の時と同じく図1のように、指定表のメモリに合わせてセルを動かすと、意図した動きとまったく逆に仕上がってしまいます。図2のように、フレームに合わせてメモリを動かすと考えてください。

合成コンポサイズ：W2142 × H1261
デュレーション：72コマ

A
BG

Step 1 合成用コンポジションを作成する

タイムシートに従って❶のように1.合成コンポジションを組み立てます。
BGはPhotoshop形式のレイヤー構造を保っていますので、コンポジションとして読み込みます。
今回はFollow指定もあるので、先にFollowを完成させておきましょう。

❶

Step 2 Aセルをローリングさせる

「フレームの動きの指定」の場合は、ローリング指定を反転させて使用します。これで、セルのローリング作業時と同様の手順で作業を進めることができます。
ローリング指定表の【スケール】プロパティの数値に「-（マイナス）」を加えて❶、ローリング指定表を上下左右反転させます。

見やすいようにローリング指定表の【描画モード】を【乗算】にして、ローリングの目安となる服の背中部分にある"しわ"にメモリを移動させます❷。
あとは、セルのローリング（02-11）と同様に、タイムシートに従って、Aセルをメモリに合わせて移動させキーフレームを作成してください❸。

❶

❷

❸

Step 3 キーフレームを停止にする

プレビューすると、確かにAセルは上下動をしてはいますが、スムーズすぎて滑っているように感じられます。今回のローリングはキャラクターの歩行運動の表現ですので、これでは不自然です。
アニメーションの基本スタイルと同様、キーフレームを作成したタイミングの3コマに1回のタイミングでローリングさせるようにします。作成したキーフレームを全選択して【アニメーション】メニュー＞【停止したキーフレームの切り替え】を選択します❶。これで［ローリング］作業は終了なので各コンポを作成し調整をおこなったら完成です。

❶

chapter 03 | Effect Technique

Chapter 03

Effect Technique

エフェクトの作成方法を紹介します。アニメーションの合成作業において多用されるエフェクトを中心に紹介していますが、CGや実写映像にも応用できます。エフェクトで作り出す表現は人によってさまざまで、センスが要求される作業です。紹介するテクニックを元に、自分流のエフェクト表現へと昇華させてください。

sample data

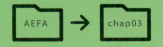

カメラサイズ　：各レイアウトを参照
デュレーション：各タイムシートを参照

chapter 03 | Effect Technique 01

潤む瞳

[透過光]

「透過光」は光の表現を加えるテクニックです。
光らせたい部分にだけエフェクトを適用させるため、マスク素材が必要になります。
[グロー] エフェクトで光源部分を光らせ、
さらに [ブラー] エフェクトを適用して、光源の周りのフレアを表現します。

 使用する素材

02-01で作成した、憧れの男の子にデートでほめられて赤くなる女の子の瞳のハイライト部分を光らせることによって瞳が潤んでいる表現にします。

合成コンポサイズ：W4106 × H1254
デュレーション：96コマ

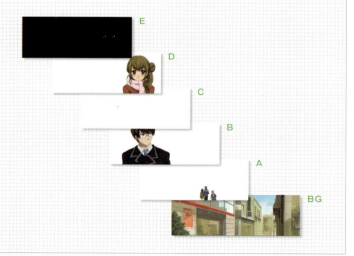

Step 1 合成用コンポジションを作成する

1.合成コンポジションを作成し、各フッテージを読み込んだら、❶のようにタイムシート通りに配置します。または［ファイル］メニュー＞［プロジェクトを開く］で02-01のプロジェクトファイルを開き❷、今回の透過光作業のために用意されているEセルを追加で読み込んでおきます。どちらの場合もEセルはまだ1.合成コンポジションにはレイヤー配置しないでおきます。

❶

❷

Step 2 光らせる部分にマスクを作成する

透過光作業は光らせたい部分だけにエフェクトを適用させるため、"マスク"という素材が必要になります。
マスク素材であるEセルはDセルの光らせたい部分である、瞳のハイライト部分のみを別保存しています。マスク素材はコンポジション内で作ることも可能ですが、アニメ制作においては事前に制作して用意しておくことが基本です❶。
1.合成コンポジション内にEセルを配置し、Dセルと同様のタイムリマップのキーフレームを作成します❷。
Dセルのキーフレームをコピーして Eセルにタイムリマップごとペーストすることもできます。

❶

❷

3 光源を光らせる

Eセルを選択し、[エフェクト＆プリセット] パネル>[スタイライズ] >[グロー] をダブルクリックします❶。[グロー] エフェクトは、画像の明るい部分とその周辺をさらに明るくすることで光を表現するエフェクトです。これでEセルが発光状態になりました❷。
[グロー] エフェクトのプロパティを調節して、イメージする光を作成しましょう。

グロー半径：20

に設定し❸、Eセルレイヤーの [描画モード] を **[スクリーン]** にします❹。

 ## 4 光を調節する

このままでは光が少し強く、瞳のハイライトが目立ちすぎているので、光量を落としつつ"フレア"（光源の周りにある光のグラデーション）部分を濃くして、柔らかいハイライトの光にします。Eセルを選択して [編集] メニュー>[複製] でEセルを2つに複製します❶。

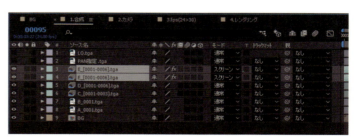

Step 5 フレアを組み合わせる

ハイライト中心付近の光は少し強く、フレアは濃い目で調整していきます。［グロー］エフェクトは"露光過多"として光を作り出すことに優れているので、ハイライト中心付近の光表現に適しています。ただこのままでは少し光が強いので下に配置している E セルレイヤーの不透明度を50%に下げて調整します❶。

一方、［ブラー］は分散させることに優れているので、フレアの表現に適しています。複製して上に配置した E セルレイヤーの［グロー］エフェクトを削除し、［エフェクト＆プリセット］パネル＞［ブラー＆シャープ］＞**［ブラー（ガウス）］**エフェクトを適用します❷。
［ブラー］数値を［40］に設定し、［エッジピクセルを繰り返す］にチェックを入れます❸。
ほどよい光量になりました。プレビューして問題がなければ完成です❹。
透過光はこのようにエフェクトや描画モードの組み合わせ、エフェクトの数値設定、レイヤーの不透明度や複製数を調整することで、求める光を作り出していきます❺。

❶

❷

❸

❹

❺

POINT

［グロー］エフェクトを使用した場合は、色深度に注意しましょう。色深度を［32bpc］にするとグローの光り方が強く変化します。また、プレビューは必ず［最高画質］でおこなうようにしてください。プレビューは画質を落としておこない、レンダリングは最高画質でおこなうといったことをすると、レンダリング後のグローがプレビュー時とは異なる結果となることがあります。

chapter 03 | Effect Technique 02

光と影の表現
［ フレア ］［ パラ ］

画面外にある光源からの光を表現するのが「フレア」です。
逆に、暗闇になっていく表現や、目線の強調等で使用されるのが「パラ」です。
どちらもグラデーションを画面に加えるフィルターワークです。

 使用する素材

暗い屋敷内で女性が正体を明かすカットです。暗闇を表現するために画面右上にパラを、ろうそくの明かりを表現するために画面左下にフレアを作成します。

合成コンポサイズ：W2140 × H1260
デュレーション：96コマ

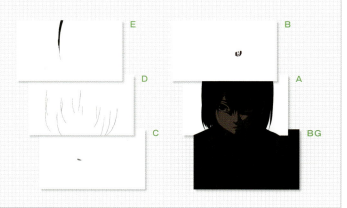

Step 1 合成用コンポジションを作成する

1.合成 コンポジションを作成し、各フッテージを読み込んだら、❶のようにタイムシート通りに配置します。Bセルはタイムシートに［T光（透過光）赤色］と透過光指示があるので、03-01で解説した［グロー］エフェクトを使用する方法で光らせておきます。またCセルもタイムシートに［Wラシ（25%）］指示があるので、こちらも不透明度プロパティを25%に設定します❷。

❶

❷

Step 2 フィルターコンポジションを作成する

フレアやパラは画面全体に適用するので、カメラワーク同様にフレアを作成するためのコンポジションを作成します。まず2.カメラコンポジションを作成してサイズ調整をおこない❶、その後に3.fpsコンポジションではなく［3.フィルター］コンポジションを作成します。3.フィルターコンポジションの設定は2.カメラコンポジションと同じにします❷。
作成した3.フィルターコンポジションに2.カメラコンポジションをネスト化します❸。

❶

❶

❷

❸

Step 3 パラ用の平面レイヤーを作成する

パラ作成用の平面レイヤーを作成します。3.フィルターコンポジションで［レイヤー］メニュー＞［新規］＞［平面］を選択し、フレームサイズと同サイズの青黒平面（パラレイヤー）を作成します。平面の色は青黒色とだけの指示なので、今回は［平面設定ダイアログ］＞［カラー］でスポイトを選択して❶、コンポジションパネルに表示されている背景から色をとり❷、そのカラーをクリックして❸、平面色ダイアログを表示させて青黒色に調整するとなじみやすい色が作成できます。サンプルでは［R：11 G：8 B：22］としました❹。

❶

❷

❸

❹

POINT

アニメーション撮影の現場では、パラやフレアの色は撮影監督が決めます。

Step 4 マスクを作成してパラレイヤーを切り抜く

パラをつけたい部分に［ペンツール］を使用してマスクを作成します。パラレイヤーの不透明度プロパティを［50%］に設定して半透明にしたら❶ 1.合成 コンポジションへ移動して［バラ・フレア指示表］を表示させます❷。
再度 3.フィルター コンポジション

へ移動すると指示表が表示されているのでパラレイヤーを選択したらツールパレットから［ペンツール］を選択し❸、コンポジションパネル上でクリックをするとマスクパスが作成されます❹。
そのまま指示表に従ってマスクパスを作成していき❺、最後はつなげて

パラレイヤーを切り抜きます❻。
これでマスクを作成できました。
1.合成 コンポジションで［バラ・フレア指示表］を非表示にしたら
3.フィルター コンポジションでパラレイヤーの不透明度プロパティを100%に戻しておきます❼。

❶

❷

❸

❹

❺

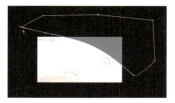
❻

❼

Step 5 マスクの境界をぼかす

このままではマスクの境界部分が目立ってしまうのでぼかしを加えてなじませます。コンポジションパネル>［バラ］レイヤー>［マスク］>［マスク１］>［マスクの境界のぼかし：500.0］、［描画モード］を［乗算］に設定します❶。これでパラが完成しました❷。

❶

❷

Step 6 バンディング対策をする

このままレンダリングをおこないテレビ等で映すと、グラデーション部分が階段のような縞模様に見える「バンディング現象」を引き起こす可能性がありますので、「バンディング対策」をします。プロジェクトパネル下で［**色深度**］を［**16bpc**］に変更します。より多くのカラーが表示できるようになり、結果としてバンディングを防ぐことになります❶。

これでもバンディングが出てしまう場合は、グラデーション部分に［**拡散**］エフェクトを適用します。［**拡散**］エフェクトは、ピクセルを拡散させるエフェクトです。［拡散量］をあげることでグラデーションをわざと拡散させてバンディングを防ぎます。パラレイヤーに［**エフェクト＆プリセット**］パネル＞［**スタイライズ**］＞［拡散］エフェクトを適用し❷、プロパティで［**拡散量：10.0**］と入力します❸。

［拡散量］を上げすぎるとグラデーション自体が汚くなってしまうので、グラデーションの幅やバンディングの強さによって調整しましょう。

❶

❷

❸

POINT

色深度を上げた際、エフェクトコントロールパネルに警告アイコン（！）が表示されることがありますが、これは変更した色深度にそのエフェクトが対応していない、という表示です。エフェクト効果が失われるわけではなく対応した色深度までで効果を正常に表示しますという意味になります。
エフェクト＆プリセットパネルで各エフェクトを見ると、どの色深度まで対応しているかが表示されています。

7 フレアを作成する

今度はフレアを作成してろうそくの光を表現します。3.フィルターコンポジションで［レイヤー］メニュー＞［新規］＞［平面］を選択し、フレームサイズと同サイズのオレンジ色平面（フレアレイヤー）を作成します。サンプルでは［R：32,768 G:21,974 B:17,733］（色深度16bpc）としました❶。
1.合成コンポジションへ移動して［パラ・フレア指示表］を表示させて、再度3.フィルターコンポジションへ移動してフレアレイヤーの不透明度プロパティを［50%］に設定して半透明にします。フレアレイヤーを選択してツールパレットから［ペンツール］を選択し、コンポジションパネル上で指示表に従ってマスクを作成します❷。
指示表を非表示にしたらフレアレイヤーのマスクプロパティで［マスク1］＞［マスクの境界のぼかし：400.0］にし、［描画モード］を［ハードライト］にします❸。
少し濃いのでフレアレイヤーの不透明度プロパティを40%に変更します❹。
フレアレイヤーにもバンディング対策をおこないます。［エフェクト＆プリセット］パネル＞［スタイライズ］＞［拡散］エフェクトを適用して［拡散量：50］にします❺。
これでフレアの完成です。

❶

❸

❷

❹ ❺

POINT

レイヤーを選択していない状態でペンツールを使用すると［シェイプレイヤー］が作成されます。シェイプレイヤーは図形を描くときなどで使用します。

Step 8 明滅を加える準備をする

フレアはろうそくの炎という設定なので、炎の揺れを表現するためにフレアに明滅を加えます。フレアレイヤーの不透明度プロパティの数値を不規則に変化させて明滅を加えるのですが、手作業でおこなうと手間がかかります。そこで「ウィグラー」を使用して不規則に変動する数値のキーフレームを作成します。［ウィンドウ］メニュー＞［ウィグラー］を選択すると❶、画面右下にウィグラーパネルが表示されます❷。
ウィグラーパネルが表示されるとタイムラインパネルが縮むので、タイムナビゲーターの終了部分をドラッグして伸ばしておきます❸。
［タイムラインパネル］＞［フレアレイヤー］＞［マスク１］＞［マスクの拡張］プロパティで1コマ目と96コマ目に数値［0］の状態でキーフレームを作成します❹。
2つのキーフレームのみを選択するとウィグラーパネルが適用できるようになります。

❶

❷

❸

❹

Step 9 フレアに明滅を加える

［ウィグラー］の各種設定をします。
［**適用先**］：「時間グラフ」に設定します。
［**ノイズの種類**］：激しい揺れにしたいので今回は「ギザギザ」にします。

［**周波数**］：フレームレートのことです。1秒間にいくつのキーフレームを作成するかの設定なので、今回は「24」とします。
［**強さ**］：始点と終点のキーフレーム数値を参考に、偏差の最高値を設定できます。今回は強さを「20」と設定します❶。
［適用］のボタンをクリックしてキーフレームを作成します❷。
これでフレアの明滅を作成できました❸。

❶

❸

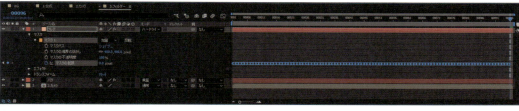
❷

POINT

フレアやパラなどのフィルターエフェクトは「カメラのレンズにフィルターをかける」ように画面全体に適用するので、カメラワーク同様にそれ専用のコンポジションを作成して、そこで作業をします。ただし背景とキャラクターの間に作成するといったように画面一番上ではない場所に作成するときや、カメラの動きにフレアやパラも含めるといった場合は合成コンポジション内で作成します。

chapter 03 | Effect Technique 03

銭湯の湯気

［DF（ディフュージョン）］［Fog（フォグ）］

DF（ディフュージョン） とは、画面内の光を拡散させることで明るく柔らかいにじみを作り出すフィルターテクニックです。
夕焼け・雨・浴場・霧深い森・憧れの人の登場などのシーンでよく使用されます。
Fog（フォグ） も同様に光を拡散させるフィルターテクニックですが、
DF（ディフュージョン）よりも白色が強く、霧としての表現を強調します。

 使用する素材

お風呂場での親子のカットをDF（ディフュージョン）とFog（フォグ）を使って表現します。
DF（ディフュージョン）でぼやけた浴室内を表現し、Fog（フォグ）では湯気が立ちこめる様子を表現します。

合成コンポサイズ：W2140 × H1260
デュレーション：120コマ

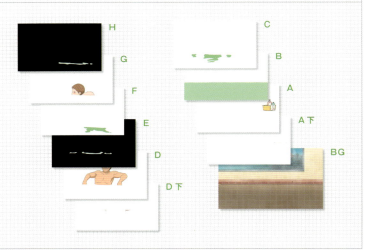

Step 1 合成用コンポジションを作成する

1. 合成コンポジションを作成し、各フッテージを読み込んだら、タイムシート通りに配置します。A下・D下セルのWラシ処理やF・G・Hセルのスライドも作成しておきます❶。

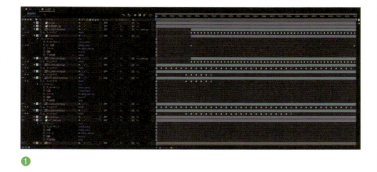
❶

Step 2 フィルターコンポジションを作成する

DF（ディフュージョン）は画面全体の光を拡散させるので、カメラワーク同様にDF（ディフュージョン）を作成するためのコンポジションを作成します。まず2.カメラコンポジションを作成してサイズ調整をおこない、その後に3.fpsコンポジションではなく［3.フィルター］コンポジションを作成します。3.フィルターコンポジションの設定は2.カメラと同じにします❶。
作成した3.フィルターコンポジションに2.カメラコンポジションをネスト化します❷。

❶

❷

Step 3 画面をぼかす

3. フィルターコンポジションにて［2.カメラ］コンポジションレイヤーをコピー&ペーストで2つに複製します❶。

上に配置してある［2.カメラ］コンポジションレイヤーを選択し、［エフェクト&プリセット］パネル＞［ブラー&シャープ］＞［ブラー（ガウス）］エフェクトを適用します❷。プロパティで［ブラー］の数値を［100］にする❸と画面にぼかしが掛かります❹。このままでは画面端が薄くなってしまっているので、コラップストランスフォームのスイッチをオンにしておきましょう❺。

❶

❸

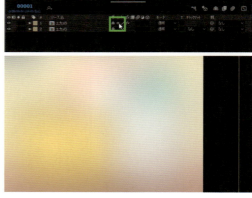

❹

❺

POINT

ブラーの端が薄くなる現象は、ぼかしを適用することで画面の外が進入してきているためです。レイヤーの［コラップストランスフォーム］スイッチをオンにすることで2.カメラコンポジションにおいてサイズ調整したことによりフレームからはみ出したレイヤー部分の情報が3.フィルターコンポジションにも伝わり、画面外の画像にもぼかしが掛かることで薄くなる現象を防ぐことが出来ます。また、ブラー（ガウス）エフェクトのプロパティにある［エッジピクセルを繰り返す］をオンにしても画面端までぼかしを掛けることができますが、内容によっては意図しない結果を招くこともあるのでこちらを使用する場合は必ずプレビューして結果を確認してください。

4 "にじみ"を出す

ブラーを適用した、2.カメラコンポジションレイヤーの［不透明度］を［60%］にする❶と、レイヤーが透け、下の2.カメラコンポジションレイヤーと合成され、"にじみ"が表現できました❷。

全ての色がにじんで描画されているため、全体的に少し暗くなっているのでそれを明るくするためにぼかしをかけた上の2.カメラコンポジションレイヤーの描画モードを［比較（明）］に設定します❸。

［比較（明）］は下のレイヤーと比較して明るい部分のみ合成してくれる描画モードです。これで全体的に少し明るくなりました❹。

❶

❷

❸

❹

 POINT

画面全体が暗いカットでのDF（ディフュージョン）でしたら描画モードを［比較（明）］にはしないで、あえて暗いにじみを残すためにそのままにすることもあります。

Step 5 "湯気"をつくる

立ちこめる湯気を表現するために、DF（ディフュージョン）を Fog（フォグ）に変更します。Fog（フォグ）は DF（ディフュージョン）よりも白色を強調し、薄く霧が掛かったような効果があります。

3. フィルターコンポジションにて、[レイヤー]メニュー＞[新規]＞[平面]を選択し❶、RGB255ALLの白い平面（Fogレイヤー）を作成し、[不透明度]を[20%]にして透過させます❷。明度があがり、湯気が立ちこめているような雰囲気になりました❸。

❶

❷

❸

Step 6 ぼかしとにじみを調整する

「**Fogレイヤー**」を加えたことで明度は上がりましたが、"にじみ"が弱くなってしまいました。そこで、ブラーを適用している上の2.カメラコンポジションレイヤーを更に複製し、上に配置しているほうの[**不透明度**]を[**20%**]として淡いDF（ディフュージョン）を作成します❶。これでFog（フォグ）の完成です❷。

❶

❷

POINT

DF（ディフュージョン）やFog（フォグ）は、レイヤーの複製数・描画モード・不透明度・ブラーの強さなどを様々に組み合わせてそのカット内容にあったものを作り出します。

chapter 03 | Effect Technique 04

光に包まれるイメージカット
［ BG 透過光 ］

背景を「透過光」として表現するのが「BG 透過光」です。
窓の外の夕焼けや、暗い部屋から外へドアを開けるシーンなど外部からの強い光の表現として、
またヒロインの登場などのイメージ BG として使われます。

 使用する素材

結婚式の新郎新婦という印象的なカットで、BG 透過光を作成しましょう。光に包まれる新郎新婦（A セル）に白いにじみを与えることで、フレア（光源からのグラデーション）を表現し、背景が光っているように見せます。

合成コンポサイズ：W2143 × H1286
デュレーション：48 コマ

A

1 合成用コンポジションを作成する

今回は背景を透過光として作成するので、フッテージは A セルとレイアウトのみです。
これらを読み込み、位置確認をおこないます❶。

❶

 2 背景レイヤーを作成する

今回は白い BG 透過光を作成するので、白い平面レイヤーを作成します。タイムラインパネルで 1. 合成コンポジションを選択したら [**レイヤー**] メニュー＞ [**新規**] ＞ [**平面**] を選択し❶、フレームサイズと同サイズの白い平面（BG 用白平面レイヤー）を作成し❷、タイムラインパネルの一番下に配置します❸。

❶

❷

❸

Step 3 フレア用レイヤーを作成する

光の表現に欠かせないのがフレアです。そのフレアを作成するためのレイヤーを作成します。

まずは、光に包まれる対象となるレイヤーを複製します。今回はAセルのみなのでAセルを複製します❶。複製して上に配置したAセルを選択し、[エフェクト＆プリセット] パネル＞[描画]＞**[塗り]** エフェクトを適用します。[塗り] エフェクトを適用すると複製したAセルが赤く塗りつぶされました❷。
さらに、[エフェクトコントロール] パネル＞[塗り] エフェクトのプロパティ＞**[反転]** を選択し、塗りつぶし部分を反転させます❸。すると、Aセルの何も描かれていない部分が塗りつぶされ、下に配置したAセルも見えるようになりました❹。

❶

❸

❷

❹

 ## Step 4 フレアを作成する

[塗り] を適用したAセルにさらに [エフェクト＆プリセット] パネル＞[ブラー＆シャープ]＞**[ブラー（ガウス）]** エフェクトを適用し、[エフェクトコントロール] パネルで数値を [100]、[エッジピクセルを繰り返す] をオンにして、[塗り] エフェクトの [カラー] を **[RGB 255ALL]** の白色へと変更し❶、Aセルレイヤーの [描画モード] を **[スクリーン]** にします❷。
Aセルのキャラクター以外の塗り部分をぼかしたことで、下に配置したAセルのキャラクター部分に白色がはみ出し、フレアの表現となりました❸。

❶

❷

❸

Step 5 光を調整する

このままではまだ光が弱いので、[塗り]を適用したAセルを複製し①、[ブラー]エフェクトを削除し、代わりに[エフェクト&プリセット]パネル >[スタイライズ]>[グロー]エフェクトを適用します②。

今回の[グロー]エフェクトはデフォルト設定のままで使用します。これでBG透過光作業は終了です③。最後にDF(ディフュージョン)を03-03で解説した作成方法で加えます。3.フィルターコンポジショ

ンまで作成し、2.カメラコンポジションをネスト化したら、今回はレイヤー複製1つ、ブラー(ガウス)60、不透明度45%、描画モード比較(明)で加えて完成です④。

①

③

④

②　　　　　　　　　　　　　　④

POINT

フレアを加える対象に、面積が小さく細かい画像がある場合、フレアを強くすると埋もれて見えなくなってしまう場合があります。
しかしフレアがないと光の表現にはならないので、大きい面積のものと小さい面積のものが同じレイヤーに描かれている場合は、ペンツール等を使用して別々に分けるかフレアで埋もれてしまっている部分をマスクとして切り取るなどして調整します。

chapter 03 | Effect Technique 05

霧がかかる

[タービュレントノイズ]

霧・雲・湯気といった水蒸気系の表現で使用されるのが
［タービュレントノイズ］と［フラクタルノイズ］エフェクトです。
このエフェクトは他のエフェクトと併せて使用することも多いエフェクトです。

 使用する素材

02-07で作成した幽霊遭遇シーンに、
［タービュレントノイズ］エフェクトで
霧を加えてみましょう。

合成コンポサイズ：W2135 × H1260
デュレーション：72コマ（24fps）

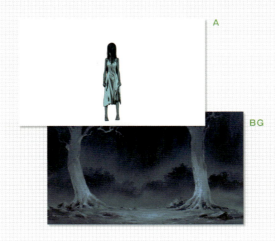

Step 1 コンポジションを作成する

❶のようにタイムシートに従って1.合成コンポジションを組み立てます。または［ファイル］メニュー＞［プロジェクトを開く］で02-07のプロジェクトファイルを開きます。エフェクト用のレイヤーが必要となるので、1.合成コンポジションにて［レイヤー］メニュー＞［新規］＞［平面］を選択し❷、名前を「霧」、コンポジションのフレームサイズと同じサイズ、色は何色でもよいのですが、今回は黒色に設定しておきます❸。

❶

❷

❸

Step 2 霧をかける

霧レイヤーに［エフェクト＆プリセット］パネル＞［ノイズ＆グレイン］＞［タービュレントノイズ］エフェクトを適用します。
霧レイヤーの［描画モード］を［スクリーン］にすると❶、明度のある部分が他と合成され、これでベースの霧がかかりました❷。今回は横に流れる霧を作成したいので［エフェクトコントロール］パネルで❸のように設定をします。

フラクタルの種類：
ダイナミック（ツイスト）
コントラスト　：［150］
トランスフォーム：
縦横比を固定の選択を外す
スケールの幅　：［600］
スケールの高さ：［300］
複雑度　　　　：［3］
不透明度　　　：［80％］
横方向に漂うような形の霧になりました❹。

❶

❷

❹

❸

Step 3 霧を横に移動させる

横へ流れる霧を表現するため、[タービュレントノイズ]を移動させます。
[タイムライン]パネルの霧レイヤーのプロパティで[タービュランスのオフセット]（フラクタルノイズ使用の場合は乱気流のオフセット）を表示させ、**1コマ目**でストップウォッチを選択し**キーフレーム**を作成します❶。
次に**72コマ目**へ時間を移動させ、コンポジションパネル内にて[ノイズ]をスライドさせます。[タービュレントノイズ]を選択するとコンポジションパネル中央に[タービュランスのオフセット]のポイントが表示されているので、そのポイントを右へ140pixelほどドラッグします❷。
キーフレームが自動作成され、[ノイズ]が移動するようになりました。

❶

❷

Step 4 霧の模様を変化させる

このままでは霧模様の静止画をスライドさせているだけなので、イメージ自体にも動きを加えます。**1コマ目**に時間を移動して、[展開]にキーフレームを作成します❶。**72コマ目**に時間を移動させ、[展開]の数値を[0]×[120]と入力します❷。これで、霧が形状を変化させながら横に移動するようになりました。

❶

❷

Step 5 奥行きを加える

さらに霧に奥行きを加えます。[霧]レイヤーを複製して、一つをBGとAセルレイヤーの間に移動させます。移動させたほうを選択したまま[レイヤー]メニュー＞[平面設定]で名前を「霧奥」と変更したらその[霧奥]レイヤーに適用されている[タービュレントノイズ]エフェクトのプロパティを❶のように変更します。

[タービュレントノイズ]
コントラスト：[200]
スケールの幅：[300]
スケールの高さ：[150]
ダービュランスのオフセット：STEP3の半分の移動距離
展開　　　：[0]×[60°]
不透明度　：[25]

霧奥レイヤーのノイズの形を散らすために追加で[エフェクト＆プリセット]パネル＞[ブラー＆シャープ]＞[ブラー（ガウス）]エフェクトを適用します。

[ブラー（ガウス）]
ブラー数値：[30]
エッジピクセルを繰り返す：オン

これで奥の細かい霧と手前の大きな霧を混ぜ、密着マルチとしてそれぞれを違うスピードで動かすことで奥行きを表現できました❷。

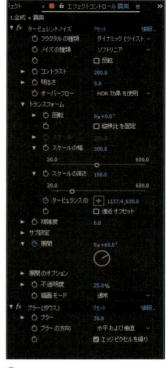

❶

❷

 ## POINT

[タービュレントノイズ]は[フラクタルノイズ]のパフォーマンスが向上した改良版ですが、サイクル設定がないのでループする動きを作成したいときは[フラクタルノイズ]を適用しましょう。

chapter 03 | Effect Technique 06

怖さの強調

[レイヤースタイルと色調補正]

レイヤーを合成しただけでは画面の演出効果が少し物足りないと感じるカットでは、
画面全体や個別のレイヤーの色調補正をおこなうことで効果的に画面演出を強調することができます。
今回はレイヤースタイルと色調補正系エフェクトを活用して怖さを強調します。

 使用する素材

03-05で作成した霧のカットに、レイヤースタイルと色調補正を加えてさらにホラータッチの映像にしましょう。ここでは03-05で作成したプロジェクトファイルを使用し、コンポジションは作成済みの段階から解説を始めます。

合成コンポサイズ：W2135 × H1260
デュレーション：72コマ

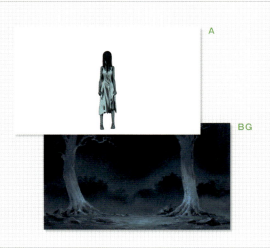

Step 1 Aセルにグラデーションを加える

ここでは 03-05 で作成したプロジェクトファイルを流用します。まずAセルの幽霊に黒いグラデーションを加えます。1.合成コンポジションでAセルを選択し、[レイヤー]メニュー>[レイヤースタイル]>[グラデーションオーバーレイ]を適用します❶。
すると A セルが白黒のグラデーションで塗られ、A セルにレイヤースタイルプロパティが追加されるので、[グラデーションオーバーレイ]プロパティの[描画モード]を[乗算]に、オフセットを[0.0,-20.0]と調整します❷。
これでAセルの幽霊に暗いグラデーションを加えることができました❸。

❶

❷

❸

Step 2 フィルターコンポジションを作成する

画面全体の色調を調整するので、DF（ディフュージョン）等と同じくフィルターコンポジションを作成してそこで作業をおこないます。2.カメラ（FPS24＞30）コンポジションの次のコンポジションとして［コンポジション］メニュー>［新規コンポジション］を選択し、名前を［3.フィルター］、コンポジションの設定は2.カメラ（FPS24＞30）コンポジションと同じくカメラサイズ1920×1080、フレームレート30、デュレーション90として作成します❶。
そこへ2.カメラ（FPS24＞30）コンポジションをネスト化してレイヤー配置し、レンダリングコンポジションは［コンポジション］メニュー>［コンポジション設定］で名前を「4.レンダリング」へと変更して、2.カメラ（FPS24＞30）コンポジションレイヤーは削除して、代わりに3.フィルターコンポジションをネスト化しておきます❷。

❶

❷

Step 3 DF（ディフュージョン）を加える

［3.フィルターコンポジション］に移動して、2.カメラ（fps24＞30）コンポジションレイヤーを複製します❶。
複製して上に配置したほうを選択し、［エフェクト＆プリセット］パネル＞［ブラー＆シャープ］＞［ブラー（ガウス）］エフェクトを適用し、ブラーの数値を60とします❷。画面の端までしっかりブラーエフェクトをかけるためにコラップストランスフォームのスイッチをオンにして2.カメラコンポジションでフレーム外に出ている部分のレイヤー情報をブラーエフェクトに伝えます❸。
不透明度を45％に設定します。今回は暗さを強調したいので描画モードも通常のままです❹。

❶

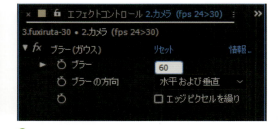
❷

❸

❸オフの状態

❸オンの状態

❹

Step 4 色調補正をおこなう

続いて色調補正をおこないます。個々のレイヤーにそれぞれエフェクトを適用すると、作業も環境負荷もその分増えてしまうので、[調整レイヤー]を使って1度の作業ですべてのレイヤーを一括補正します。[レイヤー]メニュー>[新規]>[調整レイヤー]を選択します❶。この調整レイヤーは透明なレイヤーですが、エフェクトを適用すると調整レイヤーの下に配置しているすべてのレイヤーに同じ効果を適用することができます。調整レイヤーを一番上に配置して、[エフェクト&プリセット]パネル>[カラー補正]>[レベル]エフェクトを適用します❷。
[レベル]エフェクトのプロパティを❸のように設定します。

黒入力レベル：色深度が8bpcの場合「110」 色深度が16bpcの場合「14135.2158」
ガンマ：「1.02」

これで画面の黒色を強くして暗さを強調することができました❹。
そのことで少しDF（ディフュージョン）が弱くなってしまったので、ブラーエフェクトを適用している2.カメラ（FPS24>30）コンポジションレイヤーの不透明度を80%に調整して完成です❺。

❶

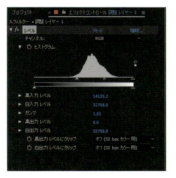
❸

❷

❹

❺

 ## POINT

画面の色調補正は夕焼けのシーン、暗闇のシーン、月夜、雨など色調の変化が大きいシーンでおこなうと効果的です。ただしアニメーション撮影現場において作業をおこなう場合は必ず監督や演出に相談して勝手にやらないことが前提です。

chapter 03 | Effect Technique 07

後光が射す

[バックライト]

オブジェクトの後ろに光源を作成し、そこから光のスジを作り出すことで
強烈なバックライトを表現するテクニックです。作成方法は様々ありますが、作業環境への負荷が
非常にかかるので、最終確認時以外は4分の1画質で作業するなど、
作業内容に合わせて環境を調整しましょう。

 使用する素材

02-11で登場した「愛と正義の天使」に後光が射している表現を加えましょう。天使が上下ローリングによって揺れているので、後光もこの動きに併せて動かすように設定します。素材は02-11と同じものを使用します。

合成コンポサイズ：W2131 × H1254
デュレーション：72コマ

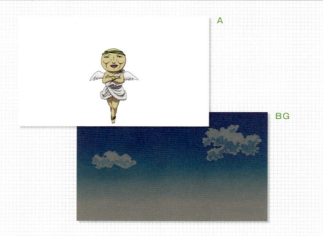

1 合成用コンポジションを作成する

1.合成コンポジションを作成し、各フッテージを読み込んだら、❶のようにタイムシート通りに配置します。

または［ファイル］メニュー＞［プロジェクトを開く］で02-10で作成したプロジェクトファイルを開きます❷。

❶

❷

 ## 2 バックライトの素材を作成する

光のスジを作成するため、後光の素を作成します。1.合成コンポジションにて［**レイヤー**］メニュー＞［**新規**］＞［**平面**］を選択して、フレームサイズと同サイズの黒い平面（後光の素）レイヤーを作成します。

作成した後光の素レイヤーに［エフェクト＆プリセット］パネル＞［ノイズ＆グレイン］＞［**タービュレントノイズ**］または［**フラクタルノイズ**］を適用します。サンプルでは［フラクタルノイズ］を使用します❶。適用したエフェクトのプロパティを❷のように設定します。

コントラスト：［200.0］
トランスフォーム＞
スケール　：20
展開：
1コマ目 ＝［0］×［+0.0°］
72コマ目 ＝［5］×［+0.0°］

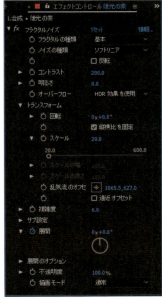

❶

❷

Step 3　オブジェクトの形に切り抜く

あるレイヤーをその真上に配置したレイヤーの形や輝度に合わせて切り抜くことができる［トラックマット］を使用します。Aセルを複製して後光の素レイヤーの上に配置し、後光の素レイヤーの［トラックマット］を［アルファマット］に設定します❶。
すると真上に配置したAセルの形に後光の素レイヤーが切り抜かれました❷。
真上に配置したAセルは自動で非表示となっていますが、これは型抜きとして使用した為なのでそのまま非表示にしておきます。複製したAセルと後光の素レイヤーを選択して［レイヤー］メニュー＞［プリコンポーズ］で、プリコンポーズし、「後光」コンポジションとします❸。

❷

❶

❸

 Step 4　バックライトを光らせる

1.合成 コンポジションへ移動して、後光 コンポジションレイヤーをAセルの下に配置します。
後光 コンポジションレイヤーに［エフェクト＆プリセット］パネル＞［描画］＞［CC Light Burst 2.5］エフェクトを適用し、［描画モード］を［スクリーン］にして❶、［CC Light Burst2.5］プロパティを❷のように設定します。
Intensity　　　：［300.0］
Rey Length　　：［100.0］

これで天使（Aセル）の後ろから後光が指すようになりました❸。
［CC Light Burst2.5］は非常に作業環境に負荷がかかるため、コンポジションパネルへの表示やプレビューに時間がかかります。その場合はコンポジションパネル・プレビューともに表示の解像度を下げて対応してください❹。

❶

❷

❸

❹

❹

Step 5 ローリングの動きに合わせる

Aセルは上下にローリングをしているので、バックライトもその動きに合わせます。
後光コンポジションに移動し、トラックマットとして使用しているAセルの［位置］に作成されていたキーフレームを全て削除します。［ストップウォッチ］をクリックすると一括削除ができます。また、削除の際には1コマ目に時間を移動してから削除します。途中の時間で削除してしまうとその位置でAセルが止まってしまうために位置がずれてしまうので、レイヤー配置時の初期位置でもある1コマ目で削除します❶。
1.合成コンポジションに戻り、後光コンポジションレイヤーをAセルと親子関係にします。この時も位置のずれを防止するために現在の時間が1コマ目で作業します❷。
これでAセルの動きに合わせてゆらめく後光が完成しました❸。
後光のゆらめく速度を変える時は［フラクタルノイズ］や［タービュレントノイズ］の展開の数値を調整してください。

❶

❷

❸

Step 6 後光を伸ばす

後光を長くしたいときは、[CC Light Burst2.5] ではなく [CC Light Rays] を使用すると光のスジを強力に作り出せる上に作業環境への負荷も軽く済むので便利です。

後光コンポジションレイヤーを選択し、[CCLight Burst2.5] を削除したら [エフェクト & プリセット] パネル > [描画] > [CC Light Rays] エフェクトを適用し、プロパティを❶のように設定にします❷。

Intensity ：[300.0]
Center ：[1065.0] , [715.0]
Radius ：[100.0]
Warp Softness ：[0.0]
Shape ：[Square]
Direction：
1コマ目 [0] × [+0.0°]
72コマ目 [0] × [+180.0°]

❶

❷

Step 7　後光の切れを修正する

プレビューすると後光の端が切れていることが確認できます❶。
この対処法として、後光コンポジションに移動して［コンポジション］メニュー＞［コンポジション設定］で、**［高さ1500］**と設定しなおして切れてしまっている方向へ一回り大きいフレームサイズにします❷。

1. 合成コンポジションに戻って確認すると、フレームサイズを大きくしたことで端が切れなくなっています❸。
後光コンポジションのフレームサイズを変更したことで［CC Light Rays］の中心がずれてしまったので、再度プロパティをCenter：［1065.0］，［830.0］❹と設定します。
これで［CC Light Rays］による後光は完成です❺。

❶

❷

❸

❹

❺

chapter 03 | Effect Technique 08

川面に映り込む夕焼け
［ すだれ透過光 ］

「すだれ透過光」とはすだれの隙間から漏れる光のように、
細かいスジ状の光の集合を作成するテクニックです。
海や湖、川といった水面に反射する光の表現に多用されます。
エフェクトを多用するため作業環境に負担がかかりますので、
コンポジションパネルやプレビューの解像度を作業に合わせて変更しましょう。

 使用する素材

夕焼けが映りこんでオレンジに反射する川の光を作成しましょう。素材は02-05で作成したサンプルと同じです。反射を表現するノイズを作成し、川面に反射する部分だけにマスクを作成して夕焼けの反射光を表現します。

合成コンポサイズ：W2143 × H1260
デュレーション：96コマ

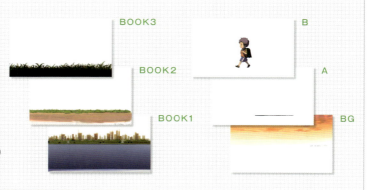

1 合成用コンポジションを作成する

1.合成 コンポジションを作成し、❶のように各フッテージをタイムシート通りに配置します。
または［ファイル］メニュー＞［プロジェクトを開く］で02-05で作成したプロジェクトファイルを開きます。

❶

 ## 2 すだれ透過光ノイズを作成する

まずは、すだれ透過光の元となるスジ状の模様を作成します。
1.合成 コンポジションに、[レイヤー]メニュー＞[新規]＞[平面]を選択し、フレームサイズと同サイズの黒い平面レイヤー（すだれ透過光レイヤー）を作成します❶。
作成したすだれ透過光レイヤーに［エフェクト＆プリセット］パネル＞［ノイズ＆グレイン］＞[タービュレントノイズ]もしくは[フラクタルノイズ]エフェクトを適用します❷。サンプルでは［タービュレントノイズ］を使用します。
エフェクトコントロールパネルの［タービュレントノイズ］のプロパティを❸のように調整して、横に伸びたスジ状の模様に設定します。

フラクタルの種類：
ダイナミック（プログレッシブ）
コントラスト ：[450]
明るさ ：[-60]
トランスフォーム：
[縦横比を固定]を外す
スケールの幅 ：[20]
スケールの高さ ：[10]

さらに、[タイムライン]パネルですだれ透過光レイヤーの［描画モード］を［加算］にし、BOOK1 とBOOK2 の間に移動します❹。これですだれ透過光の元となるノイズの完成です❺。

❶

❷

❸

❹

❺

3 すだれ透過光ノイズを動かす

すだれ透過光レイヤーのエフェクトプロパティ > [タービュランスのオフセット] と [展開] を使用して作成したノイズを動かします。
光の反射面である BOOK1 は Follow しており、ノイズも同じ動きにするため Follow の動きを [タービュレントのオフセット] にコピー＆ペーストします❶。

[展開] を
1コマ目 = [0] × [+0.0°]
96コマ目 = [3] × [+0.0°]
と入力します❷。これで、すだれ透過光の元となるノイズが時間に合わせて変化するようになりました。

❶

❷

4 光の表現を加える

動きが作成できたところで、今度は光の表現を加えます。
すだれ透過光レイヤーに、[エフェクト＆プリセット] パネル > [スタイライズ] > [**グロー**] エフェクトを追加で適用します❶。
[グロー] エフェクトは、画像の明るい部分とその周辺を更に明るくすることで光を表現するエフェクトです。[エフェクトコントロール] パネルで❷のように調整して光の表現を加えます。

グローしきい値 ：30%
グローカラー ：A & B カラー
色深度が 8bpc の場合
カラー A ：
R254 / G70 / B26（赤）
カラー B ：
R255 / G132 / B0（オレンジ）

色深度が 16bpc の場合
カラー A ：
R32,639 / G8,995 / B3,341
（赤）

カラー B ：
R32,768 / G16,962 / B0（オレンジ）
スジ状の模様がオレンジの光彩を放つようになりました❸。

❶

❷

❸

Step 5 川のパースに合わせる

今回のすだれ透過光は川面だけに適用したいので、すだれ透過光レイヤーを3Dレイヤーへと変化させ、川のパースに合わせて奥に傾け位置を調整します。
すだれ透過光レイヤーの**[3Dレイヤー]**スイッチをクリックして3D化させ❶、**X回転**を**[－70度]**にして傾け❷、さらに川面に合わせて平面を移動させます❸。傾けたことで端が切れてしまっているので、すだれ透過光レイヤーを選択し、**[レイヤー]**メニュー＞**[平面設定]**を選択して❹、サイズ幅を**[2800]**に広げ、川面全体にノイズがかかる状態に調整します。

❶

❷

❹

❸

Step 6 反射部分だけにマスクを作成する

今回は夕日の反射として中央部分だけに光を残したいので、ペンツールを使用してマスクを作成します。ツールパネルからペンツールを選択し❶、コンポジションパネル内でマスクパスをすだれ透過光の中央部分が残るように作成します❷。
このままではマスクパスの境界がはっきりしすぎているので、境界をぼかしてなじませます。[タイムライン]パネル>すだれ透過光レイヤー>[マスク]>[マスク1]>[マスクの境界のぼかし]の数値を[500]と入力します❸。

 ## Step 7 川の流れを表現する

川の緩やかな流れを表現するため、もう1つすだれ透過光を作成します。すだれ透過光レイヤーを複製し❶、上に配置しているすだれ透過光レイヤーに[エフェクト&プリセット]パネル>[ブラー&シャープ]>[ブラー(ガウス)]エフェクトを追加で適用し、数値を[20]とします❷。さらに、[タイムライン]パネル>上のすだれ透過光レイヤー>[トランスフォーム]>[スケール]の[現在の縦横比を固定]をオフにしてから[スケール幅]のみを[130]に拡大し、[描画モード]を[スクリーン]に変更して❸、フレアの緩やかさを表現します❹。

Step 8 ランダムな反射にする

プレビューすると、2つのすだれ透過光の動きが重なり単調となるので、片方の動きを逆回転させます。［ブラー］エフェクトを適用した上のすだれ透過光レイヤー＞プロパティ＞［タービュレントノイズ（フラクタルノイズ）］＞**展開**で、96コマ目の数値を**[-2]×[+0.0°]**へと変更します❶。これですだれ透過光の完成となります❷。

❶

❷

Step 9 色調補正をする

今回は夕焼けのカットなので、03-06で解説したような色調補正をおこなうと効果的です。2.カメラコンポジションと同じ設定で［3.フィルター］コンポジションを作成して、そこに2.カメラコンポジションをネスト化して作業をおこないます❶。

2.カメラコンポジションレイヤーを複製し、上に配置しているほうに［ブラー（ガウス）］を数値**[60]**で適用し、不透明度を**[45]**、描画モードを**[比較（明）]**、コラップストランスフォームを**[オン]**とします❷。

続けて［調整レイヤー］を作成して一番上に配置したら、それに［レベル］エフェクトを適用してプロパティ❸のように設定します。

黒入力レベル：色深度が8bpcの場合「36」 色深度が16bpcの場合「4626.0708」
白入力レベル：色深度が8bpcの場合「240」 色深度が16bpcの場合「30840.4707」
ガンマ：「0.91」

これですだれ透過光の完成となります❹。

❶

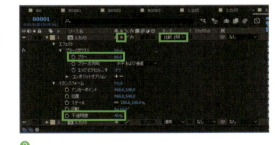

❷

❸

❹

chapter 03 | Effect Technique 09

キラキラの輝き

[クロス透過光]

「クロス透過光」はピンホールの光にクロスした"足"と呼ばれる光のスジを入れるテクニックです。星のきらめき、波に反射する光、空に飛ばされて星と消えるシーンなどで使用します。

 使用する素材

キャラクターの周りで光る星をクロス透過光で作成します。素材は、02-03のサンプルと同じです。
クロス透過光（＋型）と斜めクロス透過光（X型）の2種類の作成方法を解説します。さらに、斜めクロス透過光には虹色の光を作成してみましょう。

合成コンポサイズ：W2143 × H1260
デュレーション：84コマ

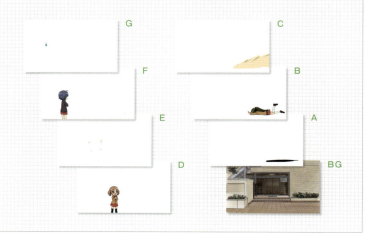

Step 1 合成用コンポジションを作成する

1.合成コンポジションとして❶のようにタイムシートに従って各フッテージを配置します。
または［ファイル］メニュー＞［プロジェクトを開く］で02-03で作成したプロジェクトファイルを開きます。

❶

Step 2 ピンホール作成の準備

今回はEセルのキラキラ表現をクロス透過光で作成して置き換えます❶。
まずクロス透過光の元となるピンホールを作成します。1.合成コンポジションで［レイヤー］メニュー＞［新規］＞［平面］を選択し、コンポジションのフレームサイズと同じサイズで、黒い平面（ピンホールの素レイヤー）を作成します❷。
Eセルの代わりとして作成するにはEセルのキラキラと同じ位置にピンホールを作成する必要があるので、そのためにピンホールの素レイヤーとEセルとプリコンポーズします。
ピンホールの素レイヤーをEセルの上に移動させたら2つとも選択し❸、［レイヤー］メニュー＞［プリコンポーズ］を選択して、名前を「ピンホール」とします❹。
ピンホールコンポジションに移動したら［ピンホールの素］レイヤーの不透明度を50％にして、Eセルが透けて見えるようにします❺。

❶

❸ ❹

❷

❺

Step 3 大サイズのピンホールを作成する

1. 合成コンポジションに戻ったら[ブラシツール]使って[ピンホール]プリコンポジションレイヤーに白い点を描きます。[ツールパネル]から[ブラシツール]を選択すると❶、画面右に[ブラシパネル]と[ペイントパネル]が開きます❷。
ブラシパネルではブラシの設定を変更することができます。今回は[ハード円（5pixel）]を選択します❸。
ペイントパネルではペイントする色を決めることができます。今回は描画色を白にしておきます❹。
各設定が決まったらタイムラインパネルで[ピンホール]プリコンポジションレイヤーをダブルクリックします。するとレイヤーパネルが開くので❺。

このレイヤーパネルに直接クロス透過光の元となる（ピンホール）を作成します。EセルのキラキラがすべてEセル出現する4コマ目に時間を移動させたら、半透明で表示されているEセルの大きいキラキラの中心にブラシツールを合わせて、それぞれクリックして白い点を描き込みます❻。

❶

❷

❸

❺

❹

❻

Step 4 中・小サイズのピンホールを作成する

続けて中・小サイズのピンホールを作成します。
ブラシパネルで［直径］を［4］に変更したら、今度は中サイズのキラキラの中心に点をそれぞれ描き込んでいきます❶。

ブラシパネルで［直径］を「3」に変更して、残った小さいキラキラの中心に点をそれぞれ描き込みます❷。
ピンホールが大きいほど、後の作業で大きいクロス透過光が作成されます。描き終えたら［ピンポール］コ

ンポジションに移動して、［ピンホールの素］レイヤーの不透明度を100%に戻してEセルを非表示にしておきます❸。

❶

❷

❸

POINT

ブラシツールでレイヤーにペイントする際はレイヤーパネルで作業をおこないます。またレイヤーパネルはそのレイヤー1枚のみを表示するので、今回のように他のレイヤーを目安にして描き込む場合はそれらをまとめて一旦プリコンポーズして不透明度や描画モードを調整し、そのプリコンポーズレイヤーをダブルクリックすればレイヤーパネルに複数のレイヤーを表示させることができます。

5 瞬きを作成する①

ピンホールを作成したら、次にキラキラと瞬く動きを作成します。［ピンホール］プリコンポジションレイヤーに［タービュレントノイズ］もしくは［フラクタルノイズ］を適用します。サンプルでは［タービュレントノイズ］を使用します。1.合成コンポジションで［ピンホール］プリコンポジションレイヤーを選択します。［エフェクト＆プリセットパネル］がブラシパネルに切り替わっているので、ブラシパネルのシェブロンメニュー（>>）から［エフェクト＆プリセットパネル］に切り替えたら❶、［ノイズ＆グレイン］＞［タービュレントノイズ］を適用します❷。
コンポジションパネルで1.合成に画面をタブで切り替えたら❸、エフェクトコントロールパネルで❹のように設定します。

コントラスト：[200]
展開：1コマ目
[0] × [+0.0°]
72コマ目
[20] × [+0.0°]
描画モード：[乗算]

Step 6 瞬きを作成する②

［ピンホール］プリコンポジションレイヤーの［描画モード］を［加算］にします❶。

プレビューすると［タービュレントノイズ］により、動くノイズの白黒に反応してピンホールが濃くなったり薄くなったり"瞬き"の動作をおこなうようになりました。ただ最初の3コマだけピンホールが消えてしまっています。これはブラシツールでペイントしたのが4コマ目だったため、それ以前のコマでは表示されなくなっているためで、これを表示させるため、［ピンホール］プリコンポジションレイヤー＞［エフェクト］＞［ペイント］を開くと、各ブラシのデュレーションバーが表示されるので、すべてのデュレーションバーのインポイントを1コマ目まで伸ばしておきます❷。

❶

❷

7 横方向の"足"を加える

横方向への"足"を作成します。まず、[ピンホール]プリコンポジションレイヤーに[エフェクト&プリセット]パネル>[スタイライズ]>[グロー]を適用し❶、[エフェクトコントロール]パネルで❷のように設定します。

グローしきい値：[40.0%]
グロー半径：[60.0]
グロー強度：[15.0]
グローの方向：[水平]

プレビューするとピンホールの瞬きに合わせて"足"も瞬きをおこないます。

❶

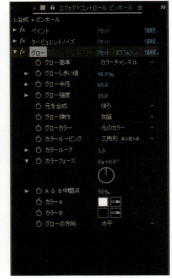
❷

8 縦方向の"足"と中心の光を加える

同様にして、縦方向の"足"と中心の光も作成しましょう。[ピンホール]プリコンポジションレイヤーを3つに複製し①、一番上に配置している[ピンホール]プリコンポジションレイヤーの[グロー]エフェクトプロパティをエフェクトコントロールパネルで[グローの方向]を[垂直]に変更します②。

今度は一番下に配置している[ピンホール]プリコンポジションレイヤーの[グロー]エフェクトプロパティの[グロー半径]を[18.0]に、[グローの方向]を[水平および垂直]に変更します③。

これでクロス透過光の完成です④。

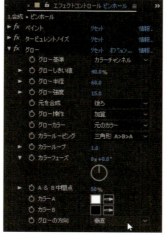
②

③

①

④

Step 9 斜めクロス透過光用レイヤーを作成する

斜めにクロスしたX型のクロス透過光を作成します。

［グロー］エフェクトの方向は［平行］と［垂直］の2方向しかありませんので、ピンホールプリコンポジションレイヤー自体を**45度回転**させた状態で、水平・垂直方向に［グロー］エフェクトをかけ、元の位置に戻すことで斜め方向の"足"を作成します。

1. 合成コンポジションで一番上に配置している［ピンホール］プリコンポジションレイヤーを45度回転させます。レイヤーを選択して半角英数入力でキーボードの［R］キーを押すと角度プロパティのみ表示できます❶。［ピンホール］プリコンポジションレイヤーを選択したまま、［レイヤー］メニュー＞［プリコンポーズ］を選択し、名前を［斜めピンホール］、［すべての属性を新規コンポジションに移動］を選択して更にプリコンポーズします❷。

斜めにしたレイヤーが全て表示できるように、斜めピンホールコンポジションのフレームサイズを拡大します。［斜めピンホール］コンポジションへ移動したら、［コンポジション］メニュー＞**［コンポジション設定］**を選択し、幅と高さを**［2500］**と入力します❸。

❶

❷

❸

Step 10 斜めクロス透過光を作成する

［斜めピンホール］プリコンポジション内の［ピンホール］プリコンポジションレイヤーを選択したら［エフェクトコントロールパネル］で［グロー］エフェクトを選択して［編集］メニュー＞［コピー］でコピーをおこない❶、その後、キーボードの［Delete］キーで［グロー］エフェクトを削除します❷。

1.合成コンポジションに戻り、［斜めピンホール］プリコンポジションレイヤーを選択して［編集］メニュー＞［ペースト］でペーストをおこないグローエフェクトを貼り付けます❸。

－45°回転させ、傾きを元にもどしたら［描画モード］を［加算］にします❹。

これで1つのクロス透過光が斜め方向への形になりました❺。

もう一つの横方向への"足"を持つ［ピンホール］プリコンポジションレイヤーを削除し、［斜めピンホール］プリコンポジションレイヤーを複製します❻。

複製して上に配置しているほうの［グロー］エフェクトプロパティの［グローの方向］を［水平］に変更します❼。

これで斜め方向へのクロス透過光が完成しました❽。

❶

❷

❸

❹

❻

❼

❺

❽

Step 11　透過光を虹色にする準備

斜めクロス透過光の"足"をカラーに変更しましょう。
[グロー] エフェクトでは2色のカラー設定が可能ですが、虹色のように複雑なカラーにするときは [不定マップ] を使用します。
1. 合成コンポジションで一番上に配置している斜めピンホールプリコンポジションレイヤーを選択し、エフェクトコントロールパネルで、[グローカラー] を [不定マップ] にします❶。
不定マップを作成するため、[レイヤー] メニュー> [新規] > [平面] を選択し、黒い平面（不定マップ作成用レイヤー）を作成します。
不定マップ作成用レイヤーに [エフェクト＆プリセット] パネル> [描画] > [グラデーション] エフェクトを適用し、[エフェクトコントロール] パネルで❷のように設定します。
グラデーションの開始　：[0.0] , [0.0]
グラデーションの終了　：[2500] , [0.0]
横方向の白黒グラデーションが作成されました❸。

❶

❷

❸

Step 12　虹色レイヤーを作成する

さらに、不定マップ作成用レイヤーに [エフェクト＆プリセット] パネル> [カラー補正] > [トーンカーブ] エフェクトを適用します。このトーンカーブの [チャンネル] プロパティで赤・緑・青それぞれグラフを切り替えて❶のように調整し、カラーカーブの白黒グラデーションを虹色に変化させます❷。
調整が終了したら [ペンシルボタン] に持ち換え❸ [保存] ボタンをクリックして、名前を「不定マップ」として保存します❹。これで虹色の不定マップ（AMPファイル）が完成しました。

❷

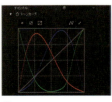  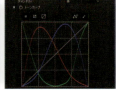
❶

13 不定マップを読み込む

作成した虹色を読み込むため、1.合成コンポジションで不定マップ作成用レイヤーを非表示にし、一番上に配置している斜めピンホールプリコンポジションレイヤーの[グロー]エフェクトを再度調整します❶。

[エフェクトコントロール]パネルで[グローカラー]が[不定マップ]になっていることを確認し、[オプション]をクリックして不定マップを読み込みます❷。

不定マップを読み込んだ時点で、すでに"足"には不定マップの虹色が反映されていますが、一色表示となっているので❸のように設定を変更します。

カラーループ　:[30.0]
カラーフェーズ　:[0]×[+100.0°]

❶

❷

❸

 ## 14 色をなじませる

このままではカラーの境目がはっきりしているので、[ブラー]エフェクトでなじませましょう。

虹色にした[斜めピンホール]プリコンポジションレイヤーを選択し、[エフェクト&プリセット]パネル>[ブラー&シャープ]>[ブラー（方向）]エフェクトを適用し、[エフェクトコントロール]パネルで[方向]を[0x+90.0°]、[ブラーの長さ]を[10]とします❶。角度は、平面レイヤー自体を[-45°]傾けているので、「ブラーの方向」は90°に設定しています。

さらにグローエフェクトを2度掛けして光を強くします。[エフェクト&プリセット]パネル>[スタイライズ]>[グロー]エフェクトを追加適用し、[エフェクトコントロール]パネ

ルで[グローしきい値]を[30.0%]に設定します。これで色の境界が滑らかになりました❷。

同様にもう一つの斜めピンホールプリコンポジションレイヤーにもグローの[不定マップ]設定と[ブラー（方向）]と[グロー]エフェクトを追加適用して同じ設定をします。垂直方向の"足"ですので、ブラーの[方向]は[0°]です。

これで斜めクロス透過光が虹色になりました❸。

❶

❷

❸

chapter 03 | Effect Technique 10

夏の日差し
[入射光]

「入射光」は画面外の光源から差し込む光の表現テクニックです。
「フレア透過光」も画面外からの光の表現ですが、
入射光は鋭く差し込む光を表現する際に使用します。

虹色素材

A

BG

 使用する素材

海の家のおじいちゃんに、夏の照りつけるような強い日差しを加えましょう。さらに今回は、白ではなく虹色の入射光を作成します。

合成コンポサイズ：W2139 × H1260
デュレーション：72コマ

Step 1 合成用コンポジションを作成する

1.合成コンポジションを作成したら、BGとAセルを読み込み、❶のようにレイヤーとして配置します。この時点では、まだ虹色素材はタイムラインには配置しないでください。

入射光の素になる素材を作成するため、[**レイヤー**]メニュー>[**新規**]>[**平面**]を選択し、フレームサイズと同サイズの黒い平面（入射光の素レイヤー）を作成します❷。

Step 2 入射光を作成する

入射光の素レイヤーに、[エフェクト&プリセット]パネル>[ノイズ&グレイン]>[**タービュレントノイズ**]もしくは[**フラクタルノイズ**]エフェクトを適用します。サンプルでは[フラクタルノイズ]を使用しています。エフェクトのプロパティを❶に設定します❷。

フラクタルの種類：
[ダイナミック（ツイスト）]
反転　　　　　：[オン]
コントラスト　：[300.0]
明るさ　　　　：[-100.0]
トランスフォーム
縦横比の固定　：[オフ]
スケールの幅　：[1000.0]
スケールの高さ：[20.0]
複雑度　　　　　：[20.0]
サブ設定
サブ影響　　　：[30%]
サブスケール：
1コマ目 = [135.0]
72コマ目 = [150.0]

Step 3 入射光の位置を合わせる

入射光の素レイヤーの［描画モード］を［スクリーン］にしたら、画面左上に移動して、時計回りに傾けます❶❷。

位置	：［516.0, 287.0］
スケール	
縦横比の固定	：［オフ］
Yスケール	：［170.0％］
回転	：［0］×［+49°］

❶

❷

Step 4 マスクを作成する

このままでは光の切れ目が見えているので、マスクを作成して輪郭をぼかします。
ツールパレットから［ペンツール］を選択し❶、コンポジションパネルでマスクパスを作成して、光の入る方と抜けるほうの両方を切り取ります❷。
マスクを作成したら、入射光の素レイヤーのプロパティで［マスク1］＞［マスクの境界のぼかし：300.0］にして❸、境界線をぼかします❹。
まだ端が表示されてしまうようなら［マスクの拡張］プロパティでマイナス数値を入力し、マスクを縮小して端が見えるのを防ぎましょう。

❶

❷

❸

❹

Step 5　光を扇状に広げる

［コーナーピン］エフェクトで、光が扇状に広がるようにします。
入射光の素レイヤーを選択し、［エフェクト＆プリセット］パネル＞［ディストーション］＞［コーナーピン］エフェクトを適用し、プロパティを❶のように設定します。

左上：[643.0,461.0]
右上：[2793.0,-649.0]
左下：[344.0,1068.0]
右下：[2292.0,1872.0]

❶

 Step 6　光に虹色を加える

さらに光に虹色の素材を使用して色を加えます。03-09のStep11で解説した方法をもとに虹色レイヤーを作成・組み合わせて虹色素材を作成することができます。今回は作成済みの素材を使用します。
入射光の素レイヤーを複製したら、虹色素材を読み込み、2つの入射光の素レイヤーの間に配置します❶。
虹色素材レイヤーのプロパティを❷のように設定します。

位置：[546.0, 368.0]
スケール：[141.0, 345.0]
※縦横比の固定：[オフ]
回転：[0] × [+36.0°]

虹色素材レイヤーの［トラックマット］を［ルミナンスキーマット］に設定すると❸、上に配置した入射光の素レイヤーの輝度に反応し、明るい部分だけに虹色素材レイヤーが切り抜かれました❹。
虹色素材レイヤーの［描画モード］を［加算］に設定したら❺、完成です❻。

❶

❷

❸

❹

❺

❻

chapter 03 | Effect Technique 11

夏祭りの大菊花火
[花火]

パーティクル系エフェクトは、例えば「雨」「雪」「舞い散る光の粒子」など
一つ一つ手作業で動きを作ると膨大な作業時間がかかってしまう「大量の粒子の動き」を、
こちらが条件を入力するだけでシミュレーションして作成してくれるエフェクトです。
そのパーティクル系エフェクトの代表ともいえるのが花火です。

 使用する素材

花火大会での告白シーンを作成しましょう。2人の心境を表すようにカラフルな大花火を打ちあげます。

合成コンポサイズ：W2143 × H1286
デュレーション：120コマ

Step 1 合成用コンポジションを作成する

1.合成コンポジションを作成したらフッテージを読み込み、タイムシートを元に❶のようにタイムラインに配置します。

❶

Step 2 花火の粒子を作成する

最初に花火の素となる飛び散る粒子を作成します。[レイヤー] メニュー >[新規] >[平面] を選択し❶、フレームサイズと同サイズの黒い平面（パーティクルレイヤー）を作成します❷。
パーティクルレイヤーに［エフェクト＆プリセット］パネル＞［シミュレーション］＞［CC Particle World］エフェクトを適用します❸。エフェクトのプロパティを❹のように設定し、レイアウトに描かれている花火指示を参考に花火の動きを作成します。

● **Birth Rate**：
1コマ目＝［10.0］
2コマ目に＝［0.0］
● **Longevity(sec)** :［3.50］
● Producer
PositionY　　　:［-0.10］
PositionZ　　　:［2.00］
● Physics
Velocity　　　 :［4.00］
Gravity　　　 :［0.100］
Resistance　　:［5.0］

❶

❷

❸

❹

 **POINT**

[Birth Rate]は始めの1コマのみに数値を入れ、2コマ目で「0.0」とキーフレームを作成しないと、粒子が出続けることになってしまいます。

 3 色をつける

[CC Particle World]エフェクトは2色まで色を設定できますが、今回はカラフルに表現したいので[ノイズ]エフェクトを使用します。
パーティクルレイヤーに、[エフェクト&プリセット]パネル>[ノイズ&グレイン]>[ノイズ]エフェクトを追加適用します❶❷。
エフェクトのプロパティを以下のように設定して、花火をカラフルに変化させます❸。

ノイズ量 ：[100.0%]
クリッピング ：[オフ]

❶

❷

❸

Step 4 消えるときに"瞬き"を加える

花火に消えるときの瞬きを加えましょう。まずは新たな平面レイヤーを作成します。**[レイヤー]** メニュー>**[新規]**>**[平面]** を選択し、フレームサイズと同サイズの黒い平面（瞬きの素レイヤー）を作成します❶。

瞬きの素レイヤーに **[エフェクト&プリセット]** パネル>**[ノイズ&グレイン]**>**[ノイズ]** を適用し、プロパティを❷の設定にします。

ノイズ量 ：[100.0%]
ノイズの種類 ：[オフ]
クリッピング ：[オフ]

このままではコントラストが弱いので、瞬きの素レイヤーに **[エフェクト&プリセット]** パネル>**[カラー補正]**>**[輝度&コントラスト]** を適用し、プロパティを❸の設定にします。

輝度 ：[0.0]
コントラスト ：[100.0]

タイムラインパネルにて瞬きの素レイヤーをパーティクルレイヤーの上に配置し、パーティクルレイヤーの **[トラックマット]** を **[ルミナンスキーマット]** にします❹。[ルミナンスキーマット] は上に配置しているレイヤーの輝度の高さで対象レイヤーを表示させるので白黒ノイズの輝度の変化に合わせてパーティクルが瞬くようになりました。

しかし炸裂した瞬間から瞬きが始まっているので、❺のように [輝度&コントラスト] エフェクトの [輝度] [コントラスト] にキーフレームを作成します。

25コマ目＝
輝度 ：[100.0]
コントラスト ：[-100.0]
37コマ目＝
輝度 ：[0.0]
コントラスト ：[100.0]

これで、消えるタイミングで瞬くようになりました。

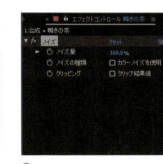
❷

❸

❹

❺

Step 5 ランダムに火花を消す

火花の消えるタイミングがほぼ一緒でランダム性が無いのが気になります。ランダムに消えるように瞬きの素レイヤーに［エフェクト＆プリセット］パネル＞［トランジション］＞［ブロックディゾルブ］エフェクトを追加し❶、プロパティを以下の設定にします。

変換終了：
49コマ目＝［0%］
91コマ目＝［100%］
ブロック幅：［113］

これによりランダムに火花が消えるようになりました。

❶

Step 6 花火に光を加える

次は光を加えます。
瞬きの素レイヤーとパーティクルレイヤーを選択し、［レイヤー］メニュー＞［プリコンポーズ］で、「花火」コンポジションとしてプリコンポーズします❶。
1.合成コンポジションに移動して花火プリコンポジションレイヤーの［描画モード］を［加算］にし❷、［エフェクト＆プリセット］パネル＞［スタイライズ］＞［グロー］を適用します❸。プロパティはデフォルト設定のままでOKです❹。

❶

❷

❸

❹

Step 7 キラキラの輝きを加える

演出として花火に「X」型のクロス透過光を加えましょう。花火プリコンポジションレイヤーを複製し❶、上に配置してある花火プリコンポジションレイヤーに[エフェクト&プリセット]パネル>[ブラー&シャープ]>[ブラー（方向）]エフェクトを適用します。エフェクトの順番を上から[ブラー（方向）]→[グロー]にし、[ブラー（方向）]のプロパティを❷のように設定します。

方向 ：[0]×[+45.0°]
ブラーの長さ：[10.0]

もう一方向への"足"を作成するため、[ブラー（方向）]を適用しているほうの花火プリコンポジションレイヤーをさらに複製し❸、上に配置しているほうの[ブラー（方向）]プロパティの**[方向]**を[−45°]に変更します❹。これで花火にクロス透過光が加わりました❺。

❶ ❷

❸ ❹

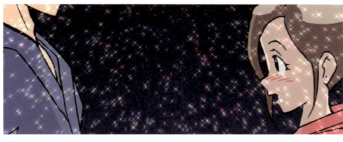

❺

Step 8 花火の炸裂するタイミングを設定する

タイムシートに合わせて１３コマ目から花火が炸裂するようにします。
1.合成コンポジションで全ての花火プリコンポジションレイヤーを選択して13コマ目から始まるようにデュレーションバーを右へ移動させ、更にＡセルの下に配置させます❶。
花火の炸裂するタイミングに合わせて、キャラクターに逆光表現を作りましょう。Ａセルレイヤーを選択して［レイヤー］メニュー＞［レイヤースタイル］＞［光彩（内側）］を適用します❷。
タイムラインパネルで［Ａセル］レイヤー＞［レイヤースタイル］＞［光彩（内側）］プロパティを開き、❸のように設定します。

描画モード：［乗算］
不透明度：
13コマ目＝［0％］
17コマ目に＝［95％］
30コマ目＝［85％］
108コマ目に＝［0％］

カラー：［R：35 G：8 B：28］
ソース：［中心］
サイズ：［33.0］
範囲：［36.0％］

キャラクターの下部分の光彩が削れてしまっていますが、2.カメラコンポジションを作成してレイアウトに合わせてサイズ調整をおこなった際に、画面外へと切れて表示されない部分なのでこのままにしておきます❹。

❶

❸

❷

❹

Step 9 炸裂の瞬間の光を作成する

最後に花火が炸裂した瞬間の光を加えます。
[グロー]のみ適用している花火プリコンポジションレイヤーを選択して、[エフェクト＆プリセット]パネル>[描画]>[**CC Light Burst2.5**]エフェクトを適用します❶。エフェクトのプロパティで[Center]を花火の中心に設定し、[RayLength]を13コマ目＝[50.0]、20コマ目＝[0.0]とキーフレームを作成したら花火の完成です❷❸。

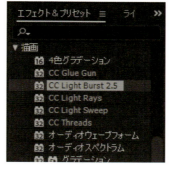
❶

❷

❸

Step 10 DF（ディフュージョン）を加える

2.カメラコンポジションを作成した次に3.フィルターコンポジションを作成して、2.カメラコンポジションをネスト化します❶。
2.カメラコンポジションレイヤーを複製したら上に配置してあるほうに[エフェクト＆プリセット]パネル>[ブラー＆シャープ]>[ブラー（ガウス）]エフェクトを適用して、ブラーの数値を[30]と入力し、描画モードを[比較（明）]、レイヤーの不透明度を45％に設定し、コラップストランスフォームをオンにします❷。

これでこのカットは完成です。
花火の作成方法は多種多様です。エフェクトの使用数も表現を広げるほど増えていきますので、こまめに保存しながら作業を進めましょう。

❶

❷

chapter 03 | Effect Technique 12

魔法シューティングスター

[3D パーティクル]

パーティクル系エフェクトの中には「大量の粒子の動き」をシミュレーションして作成してくれるだけではなく、その粒子を特定のレイヤーに置き換えて表現することができます。
ここでは、3D空間へのパーティクル作成方法と共に他のレイヤーに置き換える方法も解説します。

使用する素材

魔法をかける少女を作成しましょう。少女の振るステッキの動きに合わせ、カメラに向かって飛んでくるシューティングスターを作成します。

合成コンポサイズ：W2139 × H1260
デュレーション：60コマ

A

BG

Step 1 合成用コンポジションを作成する

1.合成コンポジションを作成したらフッテージを読み込み、タイムシートを元に❶のようにタイムラインに配置します。この段階ではまだ[天使の顔]フッテージはレイヤー配置しないでおきます。

❶

Step 2 シューティングスターを作成する

パーティクル作成用のレイヤーとして、[**レイヤー**]メニュー＞[**新規**]＞[**平面**]を選択し、フレームサイズと同サイズの黒い平面（シューティングスターレイヤー）を作成します❶。
シューティングスターレイヤーを選択し、[エフェクト＆プリセット]パネル＞[**シミュレーション**]＞[**CC Particle World**]エフェクトを適用します。[CC Particle World]は3D空間上にパーティクルを作成するエフェクトです。

❶

Step 3 パーティクル発生の位置を設定する

パーティクルの発生ポイントをステッキの先端にある水晶玉の位置へと移動させ、キーフレームを作成します。
時間を2コマ目に移動し、エフェクトのプロパティを❶のように設定します。
Producer
PositionX：[-0.23]
PositionY：[0.19]

発生ポイントがステッキの先に移動しました❷。

❶

❷

Step 4 パーティクル発生の奥行きを設定する

作画のパースを参考に、3D空間上での発生ポイントも設定しましょう。

タイムラインパネルでシューティングスターレイヤー以外の［3Dレイヤー］スイッチをオンにします❶。

ツールパネルから［統合カメラツール］を選択し❷、コンポジションパネルの下の［3Dビュー］メニュー>［カスタムビュー1］を選択すると❸、3Dビュー表示になります❹。コンポジションパネル内でドラッグすると3Dビューの視点が変更できるので、❺のようにします。

エフェクトのプロパティから［Producer］>［PositionZ：0.09］にすると❻、Aセルより奥にパーティクル発生ポイントが移動します❼。コンポジションパネルの［3Dビュー］を［アクティブカメラ］に戻して正面から確認します❽。

❶

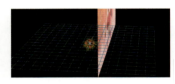

❷　❸

❹　❺

❻

❼　❽

POINT

Aセルより奥へ移動したので、Aセルの裏にパーティクルが隠れているように見えますが、3D化していないシューティングスターレイヤーがAセルより上に配置してあるので、問題ありません。

Step 5 　Aセルに合わせて発生ポイントを移動させる

Aセルのステッキに動きを合わせて、パーティクルの発生ポイントも移動させましょう。
タイムラインパネルの［CC Particle World］エフェクトのプロパティで［Producer］＞［PositionX/Y/Z］の2コマ目にキーフレームを作成します①。
時間を5コマ目に移動し、発生ポイントの［位置］を移動させます②。
PositionX：[-0.14]

PositionY：[0.15]
Z位置も、コンポジションパネルの3Dビューを［カスタムビュー1］に変更し移動させます③。
PositionZ：[-0.18]

同様にして、PositionX/Y/Zの数値を、
8コマ目
[0.12、-0.02、-0.35]
11コマ目
[0.20、-0.16、-0.23]
14コマ目
[0.21、-0.23、-0.04]
17コマ目
[0.16、-0.25、0.00]
20コマ目
[0.15、-0.26、0.13]
とキーフレームを作成します。
これで、縦・横・奥行き方向にパーティクルの発生ポイントが移動しました④。

①

②

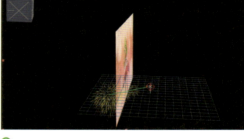

③

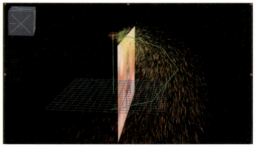

④

POINT

Aセルの動きに合わせるなら、1・4・7・10・13・16・19コマ目にキーフレームを作成した方がよいと感じられますが、発生ポイントの移動は1コマで動いているのに対して、Aセルは3コマに1回しか動きがありません。このAセルと同じタイミングにするより、1コマ遅れて合わせたほうがより自然な合成となるためです。

Step 6 パーティクルをスターにする

動きが設定できたので、パーティクル自体の設定をおこないます。エフェクトのプロパティを❶のように設定します。

Grid & Guides
Grid：World
Birth Rate：
2コマ目＝［0.0］
8コマ目＝［100.0］
14コマ目＝［0.0］
Longevity(sec)：［5.00］
Physics
Resistance：［0.5］
Gravity Vector
Gravity X：［0］
Gravity Y：［0］
Gravity Z：［-1］

Particle
Particle Type：［Star］
Birth Size：［0.100］
Death Size：［0.100］
Size Variation：［100%］
Max Opacity：［100%］

パーティクルの粒子が星形になりました❷。

❷

❶

 Step 7 スターを光らせる

パーティクルの動きは完成したので、今度はスターを光らせます。シューティングスターレイヤーを選択し、［エフェクト＆プリセット］パネル＞［スタイライズ］＞［グロー］エフェクトを追加で適用して、プロパティを❶のように設定します。

グロー半径：［20.0］

設定が完了したら［描画モード］を【スクリーン】に設定します❷。これでスターが発光するようになりました❸。

❶

❷

❸

Step 8 スターに尻尾を加える

スターに尻尾を加えます。シューティングスターレイヤーを複製し❶、下に配置したシューティングスターレイヤーの[CC Particle World]プロパティで、[Particle]>[Particle Type]を[Motion Polygon]に変更します❷。これでスターに尻尾が加わり完成です❸。

❶

❷

❸

 Step 9 パーティクルをレイヤーに置き換える

今回使用している[CCParticle World]では、パーティクルを他のレイヤーに置き換えることができるので、パーティクルを[天使の顔]レイヤーに置き換えてみます。[天使の顔]を1.合成コンポジション内の一番上にレイヤー配置します❶。
上に配置したシューティングスターレイヤーの[CCParticle World]プロパティで、[Particle]>[Particle Type]を[Textured Disc]に変更すると、[Texture]の[Texture Layer]でレイヤーが指定できるようになるので、[なし]の部分をクリックして[天使の顔]を選択します❷。
すると星の形だったパーティクルが[天使の顔]に置き換わります。あとは置き換えの元となっている天使の顔レイヤーと尻尾のシューティングスターレイヤーを非表示にすれば完成です❸。

❶

❷

❸

chapter 03 | Effect Technique 13

群衆大移動
[パーティクル]

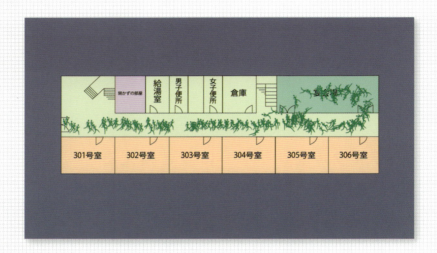

パーティクル系エフェクトの中には「大量の粒子の動き」をシミュレーションする際、粒子の動きの軌道範囲を他のレイヤーの内容に合わせて設定することができます。ここでは、パーティクルの動きをBGに描かれている道に合わせて設定する方法を紹介します。

 使用する素材

ホテルの宴会場へと流れ込む群衆をピクトグラムで作成します。群衆を粒子として発生させ、指定した軌道の上を走らせるように設定します。

合成コンポサイズ：W2135 × H1260
デュレーション：144コマ

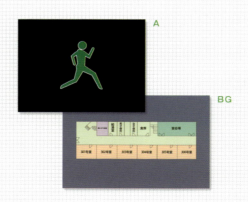

Step 1 合成用コンポジションを作成する

1.合成コンポジションを作成し、BGとAセル、2枚のレイアウトを読み込みます。BGはIllustratorで作成したAIファイルですが、今まで同様に［読み込みの種類：コンポジション］で読み込みます❶。
Aセルは背景が透過状態で保存されたPhotoshopの複数ファイルなので［シーケンス］で読み込み、［読み込みの種類：フッテージ］、［レイヤーオプション：統合されたレイヤー］で読み込みます❷。
今回、LOが2枚入っています。LO2は群衆の動きの指定表なのでLO1の下にレイヤー配置し、❸のように配置します。

❶

❷

❸

POINT

Illustratorで作成した素材をAfterEffectsに読み込む場合は、Illustrator作業時にカラーモードをRGBに設定して作業をしてください。CMYKで作成してしまうと、AfterEffectsに読み込んだ際に自動でRGBに変換され、色が変わって表示されてしまいます。
また、バージョンによってはCMYKをRGBに変換できません。

Step 2 背景の画質を保つ

BGは拡大したことで画質が粗くなっています❶。
しかしBGはIllustratorで作成したベクトル画像なのでいくら拡大しても［連続ラスタライズ］を選択すれば画質は落ちません。BGコンポジション内にある全てのレイヤーの［連続ラスタライズ］をオンにして❷、1.合成コンポジションに戻り、BGコンポジションレイヤーのコラップストランスフォームをオンにします❸。
これで背景の画質が保たれました❹。

❶

❹

❷

❸

POINT

［連続ラスタライズ］ボタンはベクトルレイヤーのときのみの名前で、通常は［コラップストランスフォーム］ボタンです。

3 群衆を作成する

Aセルと泡エフェクトで群衆を作成します。[**レイヤー**]メニュー>[**新規**]>[**平面**]を選択し、フレームサイズと同サイズの黒い平面レイヤー（群衆レイヤー）を作成します❶。

作成した群衆レイヤーに［エフェクト＆プリセット］パネル>［シミュレーション］>[**泡**]エフェクトを適用します❷。[**泡**]エフェクトは、泡を発生させ、動きをシミュレーションしてくれるエフェクトです。

今回は、人（Aセル）を発生させたいので、泡をAセルに置き換えます。

エフェクトのプロパティで❸のように設定します。

表示 ：［レンダリング］
レンダリング
泡のテクスチャ：［ユーザー定義］
泡テクスチャレイヤー：［Aセル］

これで泡がAセルに置き換えられま
した。置き換えの素となったAセルは非表示にしておきます。

❶

❷

❸

Step 4 群衆が通る道を作成する

画面中央から全方位へランダムにAセルが飛び散っていますが、これをLO2の指示に従って廊下左端から右端の宴会場まで進むようにするため、群衆が走る軌道を作成します❶。

[レイヤー]メニュー>[新規]>[平面]を選択し、フレームサイズと同サイズの白い平面（道レイヤー）を作成します❷。

作成した道レイヤーをLO2レイヤーの下に配置します。続けてBGを複製して道レイヤーの下に配置し、その3つのレイヤーを複数選択します❸。

[レイヤー]メニュー>[プリコンポーズ]で、道の素プリコンポジションとしてプリコンポーズします❹。

道の素プリコンポジション内でLO2レイヤーの不透明度を50％に、道レイヤーを非表示にしておきます❺。

1.合成コンポジションに戻り、ツールパネルからブラシツールを選択したら❻、道の素プリコンポジションレイヤーをダブルクリックしてレイヤーパネルを開きます❼。

ブラシパネルで[ソフト円100]を選択し、ペイントパネルで描画色を黒色に設定します❽。

現在の時間を1コマ目にしてからレイヤーパレットで道を描きます❾。

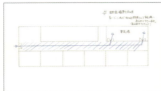

❶

❷

❸

❹

❻

❽

❼

❾

Step 5 ペイントエフェクトを移動させる

この描いた道を［泡］エフェクトにAセルの軌道として認識させるためには、道の素プリコンポジションレイヤーの中へと描いた道を移す必要があります。道の素プリコンポジションレイヤーのエフェクトプロパティ、もしくはエフェクトコントロールパネルから［ペイント］エフェクトを選択してコピーします❶。

道の素プリコンポジションへ移動して道レイヤーを表示、選択したらペーストします❷。

これで道の素プリコンポジションレイヤーに描いた道を、道レイヤーへと移すことが出来ました。あとはBGとLO2のレイヤーを非表示にして、1.合成コンポジションに戻り、移し終わった道の素プリコンポジションレイヤーのペイントエフェクトを削除しておきます。

❶

❷

 POINT

連続ラスタライズ及びコラップストランスフォームがオンのレイヤーはレイヤーパネルで開けないため、ペイントツール機能を使用することができません。その場合は一度プリコンポーズして対処します。

Step 6 群衆の動きを調整する

1. 合成コンポジションで、道の素プリコンポジションレイヤーを非表示にして、群衆レイヤーに適用されている［泡］エフェクトのプロパティを❶のように設定します。

プロデューサー
作成ポイント：[227.0], [606.0]
プロデューサー X：[0.010]
プロデューサー Y：[0.010]
泡
サイズ　　　　　　　：[0.75]
サイズ変更　　　　　：[0.0]
寿命　　　　　　　　：[1000.0]
泡の成長速度　　　　：[1.000]
強度　　　　　　　　：[100.000]
物理的性質
初期速度　　　　　　：[1.000]
初期方向：[0]×[+90.0°]
風の速度　　　　　　：[1.000]
風の方向：[0]×[+90.0°]
乱気流　　　　　　　：[0.000]
揺らす量　　　　　　：[0.000]

反発　　　　　　　　：[0.000]
粘性　　　　　　　　：[0.500]
粘着性　　　　　　　：[0.500]
レンダリング
泡の方向　　　　　：［泡の速度］
フローマップ
フローマップ　　　　：［道の素］
フローマップの傾斜　：[1.750]

フローマップに道の素プリコンポジションレイヤーを指定したことで、描いた黒色の道の上を泡エフェクトのAセルが通るようになりました❷。

POINT

パーティクルはプロパティの設定値に基づいて動きをシミュレーションします。
完全に動きを制御することは難しく、より理想に近い動きになるまで何度もプロパティを調節してプレビューしてください。

POINT

道から外れて走るAセルがある場合は、軌道としての道の黒色部分を減らす、白色部分を濃くするなどの描き直しをするか、泡エフェクトプロパティの［フローマップの傾斜］の数値を上げてみてください。また軌道を描くときに、白と黒の境界をはっきりさせてしまうと、道をはみ出して飛び出してしまうAセルが出やすくなります。壁にぶつかって跳ね返る速度も増すので、境界をぼかしてクッションのように描いてあげると、軌道に沿って動いてくれるようになります。また、対応していない色深度では予期しない動きをする可能性があるので必ずプレビューして下さい。

Step 7 群衆の動きをランダムにする

Aセルがすべて同じ動きをしているので、ランダムな動きを設定しましょう。
Aセルレイヤーを複製し、上に配置してあるAセルのタイムリマップによる動きを、1コマ目がA5から始まるようにキーフレームを変更し、ラベルの色も黄色に変えておきます❶。
群衆レイヤーも複製し、上に配置しているほうの泡エフェクトプロパティの［レンダリング］＞［泡テクスチャレイヤー］をタイミングをずらした黄ラベルのAセルレイヤーに指定し直します❷。

Aセルの走る動きのタイミングは変わりましたが、走る軌道は同じままです。複製した群衆レイヤーの［泡］エフェクトプロパティの**［ランダムシード：3］**に変更して、軌道を変更させましょう❸。

❷

❶

❸

Step 8 群衆の数を調整する

群衆レイヤーを複製したことで群衆が二倍に増えてしまったので、複製した分Aセルの出現数を減らしましょう。それぞれの群衆レイヤーの［泡］エフェクトプロパティ＞［プロデューサー］＞**［生成レート：0.500］**に変更します❶。最

後に2.カメラコンポジションでLO1をもとにサイズ調整した際には、1.合成コンポジションレイヤーのコラップストランスフォームもオンにしましょう。するとここでもBGのベクトル画質が保たれたままになります❷。

❶

❷

chapter 03 | Effect Technique 14

集まる光

［ オーラ光と筋状の光 ］

パーティクルエフェクトは時間系エフェクトと組み合わせることで筋状の光にすることができます。
このようにエフェクトはその組み合わせ次第で様々な表現を作り出すことができます。
同じくエフェクトの組み合わせでキャラクターの周りにオーラのような光も作成します。

 使用する素材

暗闇の中で光を集める少女のカットを作成します。少女の周りで光るオーラ光も集まる光もエフェクトの組み合わせで作成しますが、特に集まる光のほうはエフェクトを応用させて作成します。

合成コンポサイズ：W2140 × H1260
デュレーション：120コマ

Step 1 合成用コンポジションを作成する

1.合成コンポジションを作成し、各フッテージを読み込んだら、❶のようにタイムシート通りに配置します。

❶

Step 2 オーラ光を作成する

エフェクト指示表に従ってオーラ光を作成します。1.合成コンポジションにてAレイヤーを2つに複製します❶。下に配置しているAレイヤーを選択して［エフェクト＆プリセット］パネル＞［スタイライズ］＞［グロー］エフェクトを適用してエフェクトのプロパティで❷のように設定します。

グローしきい値：［0.0%］
グロー半径：［200.0］

続けて［エフェクト＆プリセット］パネル＞［スタイライズ］＞［ラフエッジ］エフェクトを適用してエフェクトのプロパティで❸のように設定します。

エッジの種類：［スパイキー］
幅または高さを伸縮：［-1.00］

オフセット（乱流）：
1コマ目＝［0.0,0.0］
120コマ目＝［0.0,-500.0］

展開：
1コマ目＝［0］×［+0.0°］
120コマ目＝［1］×［+0.0°］

グローエフェクトのフレアがラフエッジエフェクトにより削れることでオーラが作成できました。このAレイヤーの［描画モード］を［覆い焼きカラー（クラシック）］に設定して❹背景の色となじませて水色にします❺。

❶

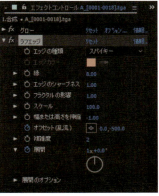
❹

❷

❸ ❺

3 泡を作成する

集まる光を作成するために、まずはその光の素となる泡を作成します。
1. 合成コンポジションにて［レイヤー］メニュー＞［新規］＞［平面］を選択し、フレームサイズと同サイズの黒い平面レイヤー（集まる光レイヤー）を作成してＡレイヤーの上に配置しておきます❶。
作成した集まる光レイヤーに［エフェクト＆プリセット］パネル＞［シミュレーション］＞［泡］エフェクトを適用して、エフェクトのプロパティで❷のように設定します❸。

表示：［レンダリング］

プロデューサー
作成ポイント：［1069.0,590.0］
生成レート：［0.500］

泡
サイズ：［0.300］
サイズ変更：［0.320］
泡の成長速度：［0.020］
強度：［100.000］

物理的性質
初期速度：［3.000］
初期方向：
1コマ目＝［0x+0.0°］
120コマ目＝［25x+0.0°］

風の速度：［0.000］

乱気流：［2.000］
揺らす量：［0.000］
泡の弾ける速度：［10.000］
粘性：［0.000］
粘着性：［0.000］

❶

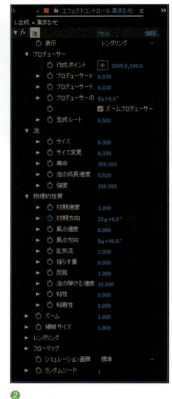
❷

❸

4 泡の動きを反転させる

作成した泡は少女から外へ向かって動いてしまっているので、これを少女に向かって集まるように反転させます。集まる光レイヤーを選択したら［レイヤー］メニュー＞［時間］＞［時間反転レイヤー］を選択します❶。

これで泡の動きが反転して少女に向かって集まるようになりました。しかしこのままだと時間経過と共に泡がなくなってしまうので、集まる光レイヤーのインポイントを変更します。画面左下にある［イン／アウト／デュレーション／伸縮を表示または非表示］をオンにします❷。タイムラインに表示された［イン］の数値が［230］になるまで、集まる光レイヤーのデュレーションバーを右へ移動させます❸。

移動させた分だけデュレーションバーを伸ばします。この時、デュレーションバーの先頭部分をドラッグして［0コマ］目まで伸ばします。時間を反転しているので、0コマ目まで伸ばさないと1コマ目に泡が表示されなくなってしまうためです❹。

また、デュレーションバーを移動させたことでキーフレームも移動してしまっているので、タイムラインパネル＞［集まる光］レイヤー＞［泡］エフェクト＞［物理的性質］の［初期速度］の1コマ目に［50x+0.0°］の数値でキーフレームを追加しておきます❺。これで泡の動きが反転しました。

❶

❷

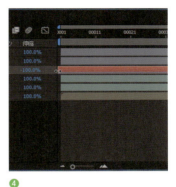
❹

❸

❺

Step 5 泡を筋状にする

作成した泡に残像を加えて筋状にします。集まる光レイヤーに［エフェクト＆プリセット］パネル＞［時間］＞［エコー］エフェクトを適用して、エフェクトのプロパティで❶のように設定します。

エコー時間（秒）：[-0.010]
エコーの数：[50]

開始強度：[0.50]

これで泡が残像のように複製されました❷。
このままでは残像がはっきりしているので、滑らかになるように調整します。集まる光レイヤーに［エフェクト＆プリセット］パネル＞［時間］＞［CC Wide Time］エフェクトを適用して、エフェクトのプロパティで❸のように設定します。

Forward Steps：[10]
Backward Steps：[10]
Native Motion Blur：[On]

これで泡の残像が滑らかになり、筋状になりました❹。

❶

❷

❸

❹

Step 6 泡を光らせる

筋状になった泡を光らせます。集まる光レイヤーに［エフェクト＆プリセット］パネル＞［スタイライズ］＞［グロー］エフェクトを適用して、エフェクトのプロパティで❶のように設定します。

グローしきい値：［0.0%］
グロー強度：［3］
グローカラー：［A＆Bカラー］
カラールーピング：［のこぎり波B＞A］

カラー A：［R：0 G：255 B：240］
カラー B：［R：255 G：255 B：255］

これで泡が水色に光りました❷。このままでは光が単調なので、光に透明感を加えます。集まる光レイヤーに適用している泡エフェクトのプロパティで❸のように設定を変更します。

表示：［ドラフト］
プロデューサー
プロデューサー X：［0.000］
プロデューサー Y：［0.000］

ドラフト表示にしたことで泡がリング状となり、そのことで光の中央に透明感が加わりました。集まる光レイヤーの［描画モード］を［加算］に設定して光を強くしておきます❹。

❶

❸

❷

❹

7 筋状の光にぼかしを加える

筋状の光に角ばっている部分があるので、ぼかしを掛けて滑らかにします。集まる光レイヤーに［エフェクト＆プリセット］パネル＞［ブラー＆ シャープ］＞［CC Vector Blur］エフェクトを適用して、エフェクトのプロパティで❶のように設定します。

Type：［Perpendicular］
Amount：［200.0］
Ridge Smoothness：［50.00］

これで筋状の光が滑らかになりました❷。

❶

❷

 POINT

ドラフト表示にする以外にも泡のテクスチャにリング状の絵を使用する方法で作成することもできます。

 POINT

泡エフェクトプロパティの［ランダムシード］の数値を変えるとプロパティ数値はそのままに泡の動きのパターンを変更できるので、理想に近い動きを探したい場合は数値を調整します。

Step 8　手元を光らせる

手元の部分の光を強調させます。エフェクトを適用していないAレイヤーを複製して❶、一つを集まる光レイヤーの上に配置します❷。移動させたAレイヤーを選択したらツールパネルから［ペンツール］を選択して❸、コンポジションパネルで手元を囲うように切り抜きます❹。
マスクを作成したAレイヤー＞［マスク］＞［マスク1］＞［マスクの境界のぼかし］で、数値を［50］にして描画モードを［加算］に設定します❺。
これで手元の光が強調されました❻。

❶

❷

❸

❹

❺　　　　　　　　　　　　　　❻

Step 9　DF（ディフュージョン）を加える

最後にDF（ディフュージョン）を加えます。2.カメラコンポジションを作成してサイズ調整をおこなったら次に3.フィルターコンポジションを作成して、2.カメラコンポジションをネスト化します❶。
2.カメラコンポジションレイヤーを複製したら上に配置してあるほうに［エフェクト&プリセット］パネル＞［ブラー&シャープ］＞［ブラー（ガウス）］エフェクトを適用して、ブラーの数値を［30］と入力し、描画モードを［比較（明）］、レイヤーの不透明度を45％に設定し、コラップストランスフォームをオンにします。
これでこのカットは完成です❷。

❶

❷

chapter 03 | Effect Technique 15

降り続く雨
[CC Rain fall とフラクタルノイズ]

アニメーションにおける雨の表現はCGで制作することが多くなってきています。
小雨なのか、強く降り続く雨なのか、作成したいカットの内容に併せてエフェクトも調整していきます。

使用する素材

02-02のカットに雨を降らせます。02-02で作成したプロジェクトファイルを読み込んで作業を始めてもOKです。[CC Rain fall]で画面奥の雨を作成し、[フラクタルノイズ]エフェクトで画面手前の雨を作成します。特に画面手前の雨には「かすれ」を加えて遠近感を演出します。

合成コンポサイズ：W2678 × H1574
デュレーション：108コマ

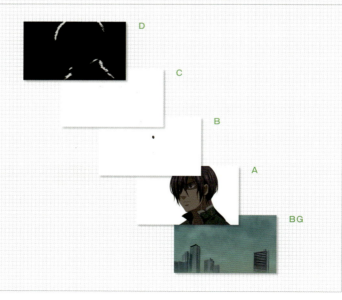

Step 1 合成用コンポジションを作成する

1. 合成コンポジションを作成し、各フッテージを読み込んだら、❶のようにタイムシート通りに配置します。または［ファイル］メニュー＞［プロジェクトを開く］で02-02のプロジェクトファイルを開き、今回の雨にあわせたしぶき作成のために用意されているDセルを追加で読み込んでおきます。どちらの場合もこの時点ではまだDセルはレイヤー配置しないでおきます。エフェクト用のレイヤーが必要となるので、［レイヤー］メニュー＞［新規］＞［平面］を選択❷し、フレームサイズと同サイズの黒い平面（雨レイヤー）を作成します❸。

❶

❷

❸

Step 2 エフェクトを適用する

タイムラインパネルで雨レイヤーを選択し、［描画モード］を［スクリーン］にしてBGとAセルレイヤーの間に配置します❶。
雨レイヤーに［エフェクト＆プリセット］パネル＞［シミュレーション］＞［CC Rain fall］エフェクトを適用します。エフェクトのプロパティを❷のように設定します。

Drops：［1000］
Scene Depth：［8000］
Speed：［8000］
Opacity：［60.0］

キャラクターの奥に細かく降る雨が作成できました❸。

❶

❷

❸

Step 3 手前に降る雨を作成する

遠近感を出すために画面手前に降る雨も作成します。手前に降る大きな雨の表現は、雨粒を大きくするだけでなく雨粒の形状をイメージした「かすれ」も入れると、カメラ手前を振る雨のイメージが強くなります。その表現のためには［CC Rain fall］よりも［フラクタルノイズ］や［タービュレントノイズ］のほうが適しているので、手前の雨はそれらのエフェクトを用いて作成します。Cセルの上にフレームサイズと同サイズの黒い平面（雨手前レイヤー）を作成します❶。
雨手前レイヤーに［エフェクト＆プリセット］パネル＞［ノイズ＆グレイン］＞［フラクタルノイズ］エフェクトを適用します。エフェクトのプロパティを以下のように設定します。

コントラスト：［1125.0］
明るさ：［-425.0］

トランスフォーム
縦横比を固定：［オフ］
スケールの幅：［1.0］
スケールの高さ：［3000.0］
乱気流のオフセット
1コマ目＝［800.0,-30000.0］
108コマ目＝［800.0,30000.0］

［描画］モードを［スクリーン］にします❷。
次に雨粒の形状を表す「かすれ」を作成します。雨手前レイヤーに追加で［エフェクト＆プリセット］パネル＞［トランジション］＞［ブロックディゾルブ］エフェクトを適用し、エフェクトのプロパティを以下のように設定します❸。

変換終了：［40%］
ブロック高さ：［20.0］
境界のぼかし：［2.0］

これでかすれた表現が雨に加わりました❹。

❶

❷

❸

❹

4 強い雨の表現

強く激しく降る雨を作成する場合は、雨の量を増やすことや不透明度を上げることで表現しますが、雨以外の素材を用意することでより効果的となる場合があります。
今回はキャラクターに雨が当たり、それによって出来る"飛沫"を作成してみましょう。
03-09 や 03-13 で解説しているペイントツール機能を使用してコンポジション内でも作成出来ますが、今回は D セルとして "しぶき素材" を用意してありますので、「シーケンス」として読み込み、タイムラインパネルで C セルの上に配置します。タイムリマップで 2 コマに 1 回番号が入れ替わるように（2 コマ打ち）繰り返しキーフレームを作成します❶。このままだと白色の塊となっている❷ので、D セルレイヤーに［エフェクト＆プリセット］パネル＞［ブラー＆シャープ］＞［ブラー（ガウス）］エフェクトを適用し、エフェクトのプロパティを❸のように設定します。

ブラー：［75.0］
エッジピクセルを繰り返す：［オン］

D セルレイヤーの不透明度を「20％」に設定し、描画モードを「スクリーン」に設定します❹。飛沫の表現の完成です❺。
最後に、[**DF（ディフュージョン）**] フィルター（03-10）を適用すると、雨としてより効果的な画面が作成できます❻。

❷

❶

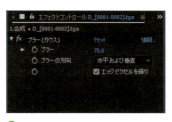

❸ ❹

❺ ❻

chapter 03 | Effect Technique 16

水の中の表現
[波ガラス]

水の中のゆらめきや陽炎など、
光の屈折による歪みを表現するのが「波ガラス」テクニックです。
フィルム撮影時代に歪んだガラスをレンズの前に置いて撮影したことからこの名前がつきました。

 使用する素材

海の中を泳ぐ少女のカットを作成しましょう。画面全体に歪みを加え、水の動きを表現します。

合成コンポサイズ：W2140 × H1260
デュレーション：72コマ

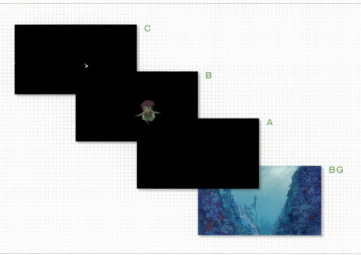

1 合成用コンポジションを作成する

1.合成コンポジションを作成し、各フッテージを読み込んだら、❶のようにタイムシート通りに配置します。AセルのスライドやBセルのデジタルT.U（トラックアップ）も作業をしておきます。デジタルT.U（トラックアップ）やデジタルT.B（トラックバック）とは、02-02で解説しているT.U（トラックアップ）とは違い、画面全体ではなく特定のレイヤーのみを拡大・縮小させることを言います。Bレイヤーの位置＆スケールプロパティ、もしくは3Dレイヤー化した位置プロパティで、指定表に従いデジタルT.Uを作成します。サンプルでは3Dレイヤーを使用しています❷。

❶

❷

 ## 2 歪み作成用のレイヤーを作成する

"水の動きの表現として、画面全体に入る"ゆがみ"を作成します。"歪み"を作成するために、まず"歪み"の素を作成します。1.合成コンポジションで[レイヤー]メニュー＞[新規]＞[平面]を選択し❶、フレームサイズと同サイズの黒い平面（歪みの素レイヤー）を作成します❷。

❶

❷

Step 3 歪みの素を作成する

歪みの素レイヤーに、[エフェクト&プリセット] パネル＞ [ノイズ&グレイン] ＞ [タービュレントノイズ] もしくは [フラクタルノイズ] エフェクトを適用します。サンプルでは [フラクタルノイズ] を適用しています。
[フラクタルノイズ] エフェクトの白黒（輝度）に反応させて、"歪み"を作成するので、プロパティを❶のように設定して、ノイズを動かします。

トランスフォーム
スケール：[200]
乱気流のオフセット：
1コマ目＝[1070.0]，[630.0]
72コマ目＝[1070.0]，[810.0]

サブ設定
サブ影響（%）：[30.0]

展開：
1コマ目＝[0] × [+0.0°]
72コマ目＝[2] × [+0.0°]

これでゆがみの素が作成できました❷。BGコンポジションレイヤーの下に配置して見えないようにしておきます❸。

❶

❷

❸

Step 4 画面全体を歪ませる

画面全体を歪ませるため、1.合成コンポジションで［レイヤー］メニュー＞［新規］＞［調整レイヤー］を選択して、Cセルレイヤーの上に調整レイヤーを配置します❶。
作成した調整レイヤーに［エフェクト＆プリセット］パネル＞［ディストーション］＞［ディスプレイスメントマップ］エフェクトを適用します。エフェクトのプロパティを❷の設定にします。
マップレイヤー：［歪みの素］
水平置き換えに使用：［輝度］
垂直置き換えに使用：［輝度］

歪みの設定はしましたが、この状態ではまだ画面上にゆがみをつけることはできません❸。

これは今回の［ディスプレイスメントマップ］エフェクトのように、何かのレイヤーを元にしてエフェクトの効果を適用する場合は、その元となるレイヤーが「エフェクトを適用している状態の平面レイヤー」だと、適用されているエフェクトではなく平面レイヤー自体を元にしてしまうため、このままでは［ディスプレイスメントマップ］エフェクトの効果を発揮することができません。そこで、［歪みの素］レイヤーを一度プリコンポーズして別のコンポジションに移します。歪みの素レイヤーを選択し、［レイヤー］メニュー＞［プリコンポーズ］を選択して、名前を［歪みマップレイヤー］、［全ての属性を新規コンポジションに移動］を選択してプリコンポーズします❹。

プリコンポーズすることで［ディスプレイスメントマップ］エフェクトのマップレイヤーによる読み込みが、平面レイヤーに適用されている［フラクタルノイズ］エフェクトまで読み込むようになったため、1.合成コンポジションで合成結果を確認すると［ディスプレイスメントマップ］エフェクトによる歪みが適用されていることが確認できます❺。

❶

❷

❹

❸

❺

Step 5 ぼかしの素を作成する

フィルム時代の波ガラスの雰囲気を出すため、"歪み"のかかった部分をぼかしましょう。まず、ぼかしの素を作成します。

歪みマップレイヤープリコンポジションに移動して歪みの素レイヤーをコピーし、1.合成コンポジション内でペーストします❶。

ペーストした歪みの素レイヤーに適用しているフラクタルノイズエフェクトのプロパティを、[**コントラスト：300.0**]に変更します❷。さらに、その歪みの素レイヤーを選択し、[レイヤー]メニュー＞[**プリコンポーズ**]を選択し、[全ての属性を新規コンポジションに移動]を選択して❸、ブラーレイヤーコンポジションとしてプリコンポーズし、歪みマップレイヤーの上に配置しておきます❹。

❶

❷　　　　　　　　　　❸

❹

Step 6 ぼかしを加える

続いて、ぼかしを加えます。調整レイヤーに、[エフェクト＆プリセット] パネル>[ブラー＆シャープ]>**[ブラー（合成）]** エフェクトを追加で適用し❶、プロパティを❷の設定にします。

ブラーレイヤー :[ブラーレイヤー]
最大ブラー :[2.0]

[ブラー（合成）] エフェクトもディスプレイスメントマップエフェクト同様に、指定したレイヤーの輝度に反応してぼかしを適用するエフェクトです。そのため、ブラーレイヤーで指定するレイヤーが「エフェクトを適用している状態の平面レイヤー」の場合はプリコンポーズする必要があります。これでブラーレイヤープリコンポジション内にある歪みの素レイヤーに適用しているフラクタルノイズエフェクトの輝度に反応して、ぼかしがかかりました❸。

これで波ガラスの完成です❹。

❶

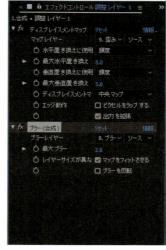
❷

❸

❹

POINT

今回の［ディスプレイスメントマップ］エフェクトによる歪みは、マップレイヤーの輝度に反応させているため、フラクタルノイズエフェクトの明るい部分ほど歪むようになっています。
揺らめきの速度や歪みの大きさを調整する場合は、プリコンポジション内の平面レイヤーに適用されている［フラクタルノイズ］エフェクトの［オフセット］や［展開］の速度を変えて調節します。
同様に［ブラー（合成）］エフェクトもブラーレイヤーの輝度が高いところほどぼかしを強くかけるので、ブラーのかかり具合を調整したい場合はブラーレイヤーに指定しているプリコンポジション内の平面レイヤーに適用されている［フラクタルノイズ］エフェクトの［コントラスト］や［明るさ］を調整します。

| chapter 03 | Effect Technique | 17 |

スピード感の表現

[ディストーション]

衝撃シーン・パンチを繰り出す・矢が飛ぶ…といったスピード感を出したい時に使用する技術です。また、組み合わせて使われることの多い BG の高速 Follow の作成方法も同時に解説します。

 使用する素材

衝撃の真実に驚愕するカットでスピード感を表現しましょう。まず背景を高速でFollowし、さらに上下に"ゆがみ"を加えることで、スピード感を表現します。

合成コンポサイズ：W2135 × H1260
デュレーション：48コマ

1 合成用コンポジションを作成する

1.合成コンポジションを作成し、各フッテージを読み込んだら、❶のようにタイムシート通りに配置します。

❶

 ## 2 高速FollowのためにBGを伸ばす

まず、スピード感を表現するために、BGを高速Followします。今回は1コマ45ミリの高速でFollowをおこないますがこのままではBGの画像の長さが足りません。［オフセット］エフェクトは、画像をつなげてループさせる機能で、これを利用して高速FollowしてもBGが途切れないようにします。
BGコンポジションレイヤーに［エフェクト＆プリセット］パネル＞［ディストーション］＞**［オフセット］**エフェクトを適用します❶。
今回は1コマ45ミリでの速度でFollowしますので、移動距離は、［45ミリ］×［47コマ（48コマ－1コマ）］×［2.667（解像度倍率）］＝［5640.705］となります。
BGコンポジションレイヤーの［オフセット］プロパティから**［中央をシフト］**数値部分を右クリック＞**［値を編集］**をクリックし❷、表示されるダイアログで単位を［ミリメー

トル］に変更した上で、1コマ目＝［X：0mm］、48コマ目＝［X：5640.705mm］とそれぞれ入力して❸、キーフレームを作成します❹。
これでBGが横方向にループし、高速Followの完成です。

❷

❸

❶

❹

3 ゆがみの元を作成する

スピード感の表現として、画面上下に入る"ゆがみ"を作成します。まずはゆがみの元の作成用に、[レイヤー] メニュー＞[新規]＞[平面] を選択し❶、フレームサイズと同サイズの黒い平面（ゆがみの素レイヤー）を作成します❷。作成したゆがみの素レイヤーに、[エフェクト＆プリセット] パネル＞[ノイズ＆グレイン]＞[タービュレントノイズ] もしくは [フラクタルノイズ] を適用します。サンプルでは [フラクタルノイズ] を使用しています❸。

さらに、適用したノイズエフェクトに動きを加えます。ノイズもFollowと同速度で動かしますので、プロパティを❹のように設定します❺。

コントラスト ：[150]
トランスフォーム
縦横比を固定 ：[オフ]
スケールの幅 ：[600.0]
スケールの高さ ：[50.0]
展開：
1コマ目　　　[0]×[+0.0°]
48コマ目　　[5]×[+0.0°]

[乱気流のオフセット] 部分は、数値上で右クリック＞[値を編集] でダイアログを表示させ、[単位] を [ミリメートル] にしてから、1コマ目＝[X：0.mm]、48コマ目＝[X：5640.705mm] でキーフレームを作成します。

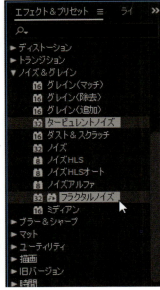

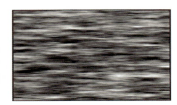

 POINT

[オフセット] エフェクトを適用してFollowする際は、BGの端と端が繋がってループしても不自然にならないようにBGを作成する必要があります。これを怠るとループする際につなぎ目が出てしまいます。

Step 4 マスクを作成する

画面上下のみに"ゆがみ"を表示させたいので、マスクパスを使用して余計な部分を切り抜きます。
[タイムライン]パネルにて**ゆがみの素**レイヤーを選択し、[ツール]パネルから[長方形シェイプツール]を選択します❶。
コンポジションパネル内でドラッグして、画面中央を横一文字に切り抜きます❷。タイムラインパネルの**ゆがみの素**レイヤーに増えた[マスク]プロパティで[**反転**]をオンにして、[**マスクの境界のぼかし**]を[**150**]にします❸。これで画面上部にゆがみの素を配置させることが出来ました❹。
ゆがみの素レイヤーを、他のエフェクトでゆがみを作る際の"マップレイヤー"として使用するためには、プリコンポーズする必要があります。**ゆがみの素**レイヤーを選択し、[**レイヤー**]メニュー>[**プリコンポーズ**]を選択し、[すべての属性を新規コンポジションに移動]と[新規コンポジションを開く]にチェックを入れ、ゆがみマップレイヤーコンポジションを作成します❺。

❶

❷

❹

❸

❺

5 ゆがみを作成する

1. 合成コンポジションに戻り、[**レイヤー**]メニュー>[**新規**]>[**調整レイヤー**]で、ゆがみ作成用の調整レイヤーを作成して、LOレイヤーの下に配置します❶。作成した調整レイヤー1を選択し、[**エフェクト&プリセット**]パネル>[**ディストーション**]>[**ディスプレイスメントマップ**]エフェクトを適用し❷、エフェクトのプロパティを❸のように設定します。

マップレイヤー ：[ゆがみマップレイヤー]
水平置き換えに使用：[輝度]
最大水平置き換え ：[10.0]
垂直置き換えに使用：[輝度]
最大垂直置き換え ：[10.0]

ゆがみマップレイヤープリコンポジションレイヤーを非表示にしてプレビューすると、ディスプレイスメントマップで指定したゆがみマップレイヤーの輝度に反応して、白い部分ほど"ゆがみ"がかかり、結果として画面上下部分に"ゆがみ"が発生しました❹。

❶

❸

❹

 POINT

平面レイヤーに適用したエフェクトを[ディスプレイスメントマップ]のマップレイヤーに指定する際は、必ずプリコンポーズします。プリコンポーズしないでそのまま平面を指定しても、適用したエフェクトまでは読み取ってくれません。

6 流れる空気の表現を加える

ゆがみマップレイヤープリコンポジションレイヤーを調整レイヤーより上に置き、再度表示させて流れる空気の表現として再利用します❶。このままではノイズ表示が強いので、ゆがみマップレイヤープリコンポジションレイヤーの[描画モード]を[オーバーレイ]にして、[不透明度]を[50%]に設定します❷。プレビューすると画面手前に高速で流れる空気のような表現が加わり、Followとの相乗効果もあってスピード感が演出できました❸。

❶

❷

❸

chapter 03 | Effect Technique 18

小川のせせらぎ

[コースティック]

水の表現に欠かせないのが「コースティック」エフェクトです。
水による屈折・光の反射・映りこみと、水に関するさまざまな設定が可能です。

 使用する素材

BOOK

BG

澄んだ水が流れる小川を作成しましょう。BGは川底、BOOKは川面に映り込む空として使用し、川そのものと流れる水は、エフェクトで表現します。

合成コンポサイズ：W2135 × H1260
デュレーション：72コマ

Step 1 合成用コンポジションを作成する

1.合成コンポジションを作成し、各フッテージを読み込んだら、❶のようにタイムシート通りに配置します。

❶

Step 2 川の素材を作成する

川の流れ素材用のレイヤーを用意します。**[レイヤー]** メニュー>**[新規]**>**[平面]** を選択し、フレームサイズと同サイズの黒い平面（川の素レイヤー）を作成し、LOの下に配置します❶。

川の素レイヤーに [エフェクト&プリセット] パネル>[ノイズ&グレイン]>**[タービュレントノイズ]** もしくは **[フラクタルノイズ]** を適用します。サンプルでは [フラクタルノイズ] を使用します。川の流れの方向が描かれているLO1を参考にしてエフェクトのプロパティを❷のように設定します。

コントラスト ：[50.0]
トランスフォーム
乱気流のオフセット：
1コマ目 = [360.0],[270.0]
72コマ目 = [772.0],[900.0]
展開：
1コマ目 = [0] x [+0.0°]
72コマ目 = [0] x [+90.0°]

さらに川の素レイヤーを選択し、**[レイヤー]** メニュー>**[プリコンポーズ]** で川素材コンポジションとして [すべての属性を新規コンポジションに移動] を選択したら別のコンポジションに移動させます❸。

❶

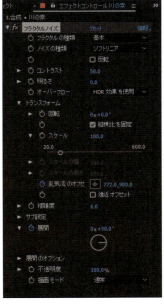

❷

❸

Step 3 川を作成する

今度は川自体を作成するための平面を用意します。

1. 合成コンポジションで［レイヤー］メニュー＞［新規］＞［平面］を選択し、フレームサイズと同サイズの黒い平面（川レイヤー）を作成します❶。

川レイヤーに［エフェクト＆プリセット］パネル＞［シミュレーション］＞［コースティック］エフェクトを適用します。

コースティックのプロパティを見ると［下］［水］［空］と設定箇所があります。

❷［下］：水面下の設定で、水中に入るレイヤーを指定します。今回は川床を描いたBGなので、［下：BG.psd］にします❸。

❹［水］：流れる水の設定です。［水面：川素材］に指定すると、川の素レイヤーに適用したフラクタルノイズの白黒に反応して白い部分ほど歪みがかかり細かく歪んだ状態になります。
そのほかのプロパティを以下のように設定します。

波形の高さ	：［0.100］
波形の高さ	：［0.100］
スムージング	：［50.000］
水の深さ	：［0.200］
屈折率	：［1.100］
表面の不透明度	：［0.000］
コースティックの強度	：［0.750］

透明度の高い小川のような川の流れが作成できました❺。

❻［空］：水面に映りこむ空や橋といったレイヤーを指定します。
今回は空を描いたBOOKにしたいので［空：BOOK］に指定します。水の揺らめきに合わせて歪みが加わった空が水面に映りこみました❼。

❶

❷

❸

❹

❺

❻ ❼

4 水にパースを加える

BG と BOOK には若干左上に向かってパースがついています。
水もこのパースに合わせる設定をしましょう。
川素材プリコンポジションに移動して、川の素レイヤーに［エフェクト＆プリセット］パネル＞［ディストーション］＞**［コーナーピン］**エフェクトを追加で適用します。
コーナーピンエフェクトを選択するとコンポジションパネルに四隅のポイントが現れるので各ポイントをドラッグしてレイヤーに歪みを加えます❶❷。

左上：[-520.0,-24.0]
右上：[2132.0,0.0]
左下：[-1157.0,1272.5]
右下：[3198.0,1280.5]

1.合成コンポジションに戻ると、水にパースがついていることが確認できます。これで川の完成です❸。

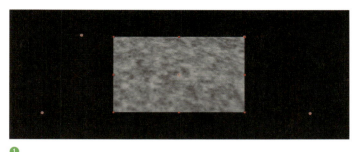
❶

❷

❸

POINT

［下］［水］［空］に指定したBG・BOOK・川素材は、［コースティック］エフェクト上で読み込まれた状態なので、各レイヤーを非表示にしても問題はありません。

POINT

［下］や［空］に指定したいレイヤーが複数ある場合は、プリコンポーズで1つにまとめ、そのプリコンポジションレイヤーを指定することで複数のレイヤーを指定できます。

chapter 03 | Effect Technique 19

砕けて粉になる
［ 粒子化 ］

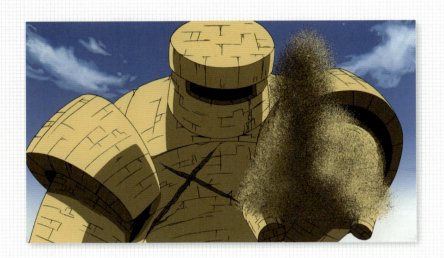

「粒子化」を表現するには、
特定のオブジェクトを細かい粒子に変えるエフェクト［CC Pixel Polly］と、
オブジェクトを粉砕するエフェクト［シャター］を組み合わせます。
大量の粒子を作成してシミュレーションするので作業環境に負荷がかかります。
コンポジションパネルとプレビューの解像度をうまく使い分けましょう。

 使用する素材

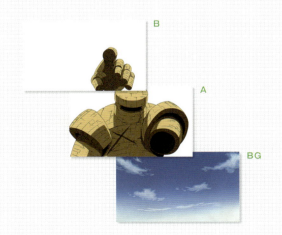

ゴーレムの手が砕け散って粉になってしまうカットを作成します。［シャター］エフェクトでブロック状に砕き、［CC Pixel Polly］エフェクトで、砂のような粒子に変えて飛ばすことで、砕け散る様子を表現します。

合成コンポサイズ：W2139 × H1260
デュレーション：48コマ

Step 1 合成用コンポジションを作成する

1.合成コンポジションを作成し、各フッテージを読み込んだら、❶のようにタイムシート通りに配置します。

❶

Step 2 ブロック状に砕く

ブロック状に砕き、画面の上に向かって破片が飛ぶシーンを作成します。
Bセルに[エフェクト＆プリセット]パネル＞[シミュレーション]＞[シャター]エフェクトを適用し❶、プロパティを❷のように設定します。

表示：[レンダリング]
シェイプ
パターン　　：[ガラス]
繰り返し　　：[200.00]
フォース1
位置　　　　：
[1664.3、-890.4]
深度　　　　：[0.00]
半径：
3コマ目　＝[0.50]
48コマ目　＝[1.50]
強度　　　　：[0]
物理的性質
ランダム度　：[0.20]
重力　　　　：
11コマ目　＝[5.00]
27コマ目　＝[10.00]
重力の方向　：[0]×[+0.0°]
重力勾配　　：[1.00]

これで、Bセルがブロック状に砕かれ、破片となって舞い上がりました❸。

❶

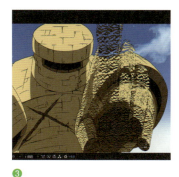
❸

❷

Step 3 粒子にする

シャッターエフェクトにより舞い上がる破片のみを粒子へと変えていきます。まずはBセルを複製します❶。上のBセルには、レイヤーを粒子に変えて画面の上方向に飛ばすエフェクトを適用します。上のBセルを選択し、[エフェクト&プリセット]パネル>[シミュレーション]>[CC Pixel Polly]エフェクトを適用し❷、プロパティを❸のように設定します。

Force：
11コマ目＝［0.0］
48コマ目＝［100.0］
Gravity：［0.00］

Force Center：
［1682.4］［-27.1］
Direction Randomness：
［100.0％］
Speed Randomness：［50.0％］
Grid Spacing：［1］
Object：［Polygon］

同時に2つのBセルレイヤーにそれぞれ適用されているシャッターエフェクトのプロパティも❹のように変更します。

上のBセルレイヤーの［シャター］
>［レンダリング］：［かけら］
下のBセルレイヤーの［シャター］
>［レンダリング］：［レイヤー］

これでBセルが上部から粉になって舞い上がる状態になりました。

❶

❷

❸

❸

❹

Step 4 粒子の量を調整する

粒子の量が少ないので増やします。[CC Pixel Polly] エフェクトを適用している上のBセルを複製し、プロパティを❶のように変更して舞い上がるタイミングをずらします。

Gravity:
11コマ目＝［0.00］
48コマ目＝［1.0］

Speed Randomness:［40.0%］

今調整したBセルを更に複製して [CC Pixel Polly] エフェクトのプロパティを❷のように変更します。

Gravity:
11コマ目＝［0.00］
48コマ目＝［-2.0］

Speed Randomness:［65.0%］

2つの [CC Pixel Polly] エフェクトの重力設定が違う数値になったことで、舞い上がる粒子のスピードが変わり、結果として粒子の量が増えました。これで完成です❸。

❶

❷

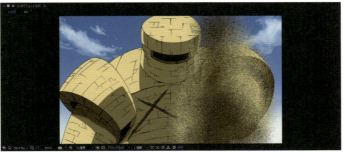
❸

chapter 03 | Effect Technique 20

めらめら燃える

[炎]

エフェクトの集合体ともいえるのが「炎」です。
ここまで紹介してきたエフェクトを多用して制作するため、
調整→プレビュー→また調整と非常に根気のいる作業です。

 使用する素材

かがり火の炎を作成します。
ベース（炎（ベース））、中央の芯部分（炎（芯））、メラメラと燃えている部分（炎（千切れ））、火の粉（火の粉）の4つを作成し、それぞれにエフェクトを適用し、リアルな炎の動きを作成しましょう。

合成コンポサイズ：W2135 × H1260
デュレーション：72コマ

BG

Step 1　合成用コンポジションを作成する

1.合成コンポジションを作成したら、BGを読み込みます❶。

❶

 ## Step 2　炎のベースを作成する

ベースとなる炎作成用に、［レイヤー］メニュー＞［新規］＞［平面］を選択し、フレームサイズと同サイズの黒い平面（炎（ベース）レイヤー）を用意しておきます❶。
炎（ベース）レイヤーに［エフェクト＆プリセット］＞［シミュレーション］＞【CC Particle World】エフェクトを適用し、プロパティを❷のように設定して炎の動きを作成します❸。

Birth Rate　　　　：［5.0］
Longevity(sec)　：［0.50］
Producer
PositionY　　　　：［-0.03］
Physics
Animation　　　　：［Fire］
Velocity　　　　：［3.00］
Gravity　　　　　：［1.200］
Resistance　　　：［10.0］
Extra　　　　　　：［0.20］
Particle
Particle Type　：［Faded Sphere］
Birth Size　　　：［0.800］
Death Size　　 ：［0.000］
Max Opacity　 ：［50.0％］
Transfer Mode　：［Screen］

❶

❸

❷

3 炎をぼかして、揺らす

炎にぼかしをかけます。
炎（ベース）レイヤーに、[エフェクト＆プリセット] パネル＞[ブラー＆シャープ]＞[**ブラー（放射状）**] エフェクトを適用し、プロパティを❶の設定にします。
量　　　：[15.0]
中心　　：[1069.0,952.0]
種類　　：[ズーム]

さらに、炎の揺れを表現します。
炎（ベース）レイヤーに、[エフェクト＆プリセット]＞[ディストーション]＞[**タービュレントディスプレイス**] エフェクトを適用し、プロパティを❷の設定にします。
変形　　　：[ツイスト]
量　　　　：[25.0]
サイズ　　：[20.0]
オフセット：[300.0, 200.0]
展開：
1コマ目　= [0] × [+0.0°]
72コマ目 = [1] × [+0.0°]

炎（ベース）レイヤーの [描画モード] を [**スクリーン**] にします❸。
これで炎（ベース）が完成しました❹。

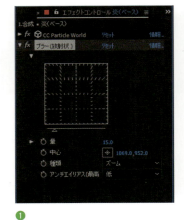
❶

❷

❸

❹

Step 4 芯となる炎を作成する

芯となる炎を作成します。
[**レイヤー**]メニュー>[**新規**]>[**平面**]を選択して、フレームサイズと同サイズの黒い平面（炎（芯）レイヤー）を作成します❶。
炎（芯）レイヤーに[エフェクト＆プリセット]パネル>[シミュレーション]>[**CC Particle World**]エフェクトを適用して、プロパティを❷のように設定します❸。

❶

Birth Rate   :［10.0］
Longevity(sec) :［0.50］
Producer
PositionY   :［－0.035］
Physics
Animation   :［Fire］
Velocity   :［2.00］
Gravity   :［0.500］
Resistance   :［10.0］
Extra   :［0.20］
Particle
Particle Type   :
［Faded Sphere］
Birth Size   :［0.800］
Death Size   :［0.000］
Max Opacity   :［50.0％］
Transfer Mode   :［Screen］

❷

❸

芯の炎をぼかして、揺らす

芯の炎にも揺れとぼかしを表現します。

揺れを表現するために、炎（芯）レイヤーに［エフェクト＆プリセット］パネル＞［ディストーション］＞**［タービュレントディスプレイス］**エフェクトを適用し、プロパティを❶の設定にします。

量　　　　：［25.0］
オフセット：［300.0, 200.0］
展開のオプション
ランダムシード：［2］

ぼかしをかけるために、炎（芯）レイヤーに［エフェクト＆プリセット］パネル＞［ブラー＆シャープ］＞**［ブラー（放射状）］**エフェクトを適用し、プロパティを❷の設定にします。

量　　：［50.0］
種類　：［ズーム］

［描画モード］を**［スクリーン］**に設定すれば❸、芯の炎の完成です❹。

❶

❷

❸

❹

6 千切れる炎を作成する

3つ目の炎として、千切れる炎を作成します。
[**レイヤー**]メニュー＞[**新規**]＞[**平面**]で、フレームサイズと同じサイズの黒い平面（炎（千切れ）レイヤー）を作成し❶、[エフェクト＆プリセット]パネル＞[ノイズ＆グレイン]＞[**タービュレントノイズ**]もしくは[**フラクタルノイズ**]エフェクトを適用します。サンプルは[フラクタルノイズ]を使用します。エフェクトのプロパティを❷のように設定にします。

フラクタルの種類：
[ダイナミック（ツイスト）]
トランスフォーム
乱気流のオフセット：
1コマ目 ＝ [300.0, 200.0]
72コマ目 ＝ [300.0, -1600.0]
複雑度：[3.0]
展開：
1コマ目 ＝ [0] × [+0.0°]
72コマ目 ＝ [2] × [+180.0°]

炎（千切れ）レイヤーの[描画モード]を[**加算**]に設定します❸。このままでは画面全体にエフェクトがかかっているので、ツールパレットから[ペンツール]に持ち替え、コンポジションパネルで炎の形をイメージしたようなマスクパスを作成し❹、プロパティで[**マスクの境界のぼかし：57.0**]にして境界をぼかします❺。

❶

❷

❸

❹

❺

Step 7 千切れる炎を光らせる

ノイズのグレー部分を無くすため、炎（千切れ）レイヤーに［エフェクト&プリセット］パネル>［カラー補正］>［レベル］エフェクトを適用し、プロパティを❶のように設定します。

黒入力レベル：[80.0]

コントラストがはっきりしたところで、炎を強力に発光させます。炎（千切れ）レイヤーに［エフェクト&プリセット］>［スタイライズ］>［グロー］エフェクトを適用し、プロパティを❷の設定にします❸。

グローしきい値 ：[23.5%]
グロー半径 ：[271.0]
グロー強度 ：[3.0]
グローカラー ：[A & Bカラー]
カラールーピング ：
[のこぎり波 A > B]
カラー A：
R255／G255／B255

カラー B：
R255／G75／B0

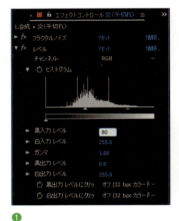
❶

❸

Step 8 千切れる炎を揺らす

さらに千切れる炎に揺れを表現します。

炎（千切れ）レイヤーを選択し、［エフェクト&プリセット］パネル>［ディストーション］>［タービュレントディスプレイス］エフェクトを適用し、プロパティを❶の設定にします❷。

量 ：[25.0]
オフセット：[300.0, 200.0]
展開：
1コマ目 ＝ [0]×[+0.0°]
72コマ目 ＝ [1]×[+0.0°]
展開のオプション
ランダムシード：[10]

❷

❶

Step 9 火の粉を作成する

舞い上がる火の粉を作成します。ランダムに舞い上がる動きが重要となるので、[泡]エフェクトを使用します。

[**レイヤー**]メニュー＞[**新規**]＞[**平面**]で、フレームサイズと同サイズの黒い平面（火の粉レイヤー）を作成し❶、[エフェクト＆プリセット]パネル＞[シミュレーション]＞[**泡**]エフェクトを適用し、プロパティを❷のように設定します❸。

表示　　　　：[レンダリング]
プロデューサー
作成ポイント：
[1067.5, 478.0]
生成レート　：[0.200]
泡
サイズ　　　：[0.050]
サイズ変更　：[0.000]
泡の成長速度：[1.000]
物理的性質
初期速度　　：[1.200]
風の速度　　：[2.000]
風の方向　　：[0]×[+0.0°]
レンダリング
泡のテクスチャ：[ユーザー定義]
泡の方向　　：[泡の速度]

❶

❸

❷

Step 10 火の粉のテクスチャを作成する

火の粉の素を作成します。
火の粉のテクスチャ用のレイヤーとして、[**コンポジション**] メニュー>[**新規コンポジション**] で、フレーム [幅 300 ×高さ 300] のコンポジション（火の粉テクスチャコンポジション）を用意します❶。
火の粉テクスチャコンポジションに移動し、[**レイヤー**] メニュー>[**新規**]>[**平面**] を選択し、フレームサイズと同サイズの黒い平面（火の粉の素レイヤー）を作成し❷、[**エフェクト&プリセット**]>[**ノイズ&グレイン**]>[**フラクタルノイズ**] エフェクトを適用し、プロパティを❸の設定にします。
コントラスト：[400.0]

[楕円形ツール] を使って火の粉の素レイヤーをマスクパスで丸く切り抜き❹、プロパティで [**マスクの境界のぼかし：50.0**] に設定し、境界をぼかします❺。

1.合成コンポジションに移動して、火の粉テクスチャコンポジションを1.合成コンポジションへネスト化し、非表示にしておきます❻。
火の粉レイヤーに適用した [泡] エフェクトのプロパティの [**レンダリング**] で [**泡テクスチャレイヤー**] を [**火の粉テクスチャ**] に指定します❼。これで、作成した火の粉が舞う設定になりました。

❶

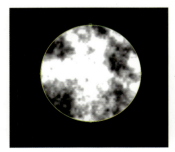

❷

❸

❼

❺

❻

❹

Step 11 火の粉を光らせる

火の粉を発光させます。
火の粉レイヤーの[描画モード]を[**スクリーン**]にしたら、[エフェクト＆プリセット]パネル>[スタイライズ]>[**グロー**]エフェクトを適用し、プロパティを❶のように設定します。

グローしきい値：[20.0%]
グロー半径　　：[5.0]
グロー強度　　：[2.0]
グローカラー　：[A＆Bカラー]
カラールーピング　：
[のこぎり波A＞B]
カラーA：
R255／G255／B255
カラーB：
R255／G75／B0

さらに、火の粉にチラチラと瞬く動きを加えます。
火の粉レイヤーに[エフェクト＆プリセット]パネル>[ノイズ＆グレイン]>[**フラクタルノイズ**]エフェクトを選択し、プロパティを❷のように設定します。
コントラスト：[150.0]
トランスフォーム
スケール：[50.0]
描画モード：[乗算]

これで炎が完成しました❸。

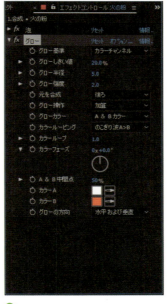

❶

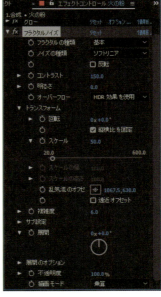

❷

❸

Step 12 炎のタイミングをずらす

現状では、着火してから燃え始める動きなので、炎レイヤーのデュレーションバーをずらして、はじめから炎が燃え、火の粉が舞う動きにします。

火の粉・炎（千切れ）・炎（芯）・炎（ベース）・火の粉テクスチャコンポジションレイヤーを選択し、[レイヤー] メニュー>**[プリコンポーズ]**で、炎コンポジションとしてプリコンポーズします❶。炎コンポジションのデュレーションを変更するため [コンポジション] メニュー>[コンポジション設定]を選択し、**[デュレーション：144]**に変更します❷。

タイムナビゲーターを右へ伸ばしたら❸、火の粉テクスチャレイヤー以外のデュレーションバーを144コマ目まで伸ばし❹、併せて各レイヤーに適用したエフェクトのキーフレームを、終了キーフレームが144コマ目になるように開始のキーフレームと共に移動させます❺。伸ばしたデュレーションバー自体を終了コマが72コマ目になるように左へ移動させると❻、着火する動きは消え、はじめから炎が燃え火の粉が舞う状態になりました❼。プリコンポーズしたことで、炎の［描画モード］が［通常］に戻ってしまったので、**[コラップストランスフォーム]**を選択して炎コンポジション内の情報を1.合成コンポジションに伝えます❽。

❶

❷

❸

❹

❺

❻

❼

❽

Step 13　BOOKを作成する

最後にかがり火のかごを炎の前に移動させます。
かがり火のかごは **BG** と同じ画像として描かれているので、マスクパスを活用して炎の前にくるかごだけを **BOOK** にします。
BG コンポジションレイヤーを複製し一番上に配置したら❶、ツールパレットから［ペンツール］を選択し、マスクパスを作成して、かごの外縁を切り抜きます❷。かごの隙間部分もマスクパスで切り抜き❸、隙間部分のマスクすべてのマスクプロパティで［**減算**］を選択します❹。
各マスクのプロパティで、
かごの外縁部分（マスク1）：
［マスクの境界のぼかし：3.0］
［マスクの拡張：-3.0］
減算設定したかごの中部分：
［マスクの境界のぼかし：3.0］
［マスクの拡張：3.0］

と入力し境界をぼかしてなじませたら、完成です❺。

❶

❷

❸

❹

❺

chapter 03 | Effect Technique 21

ドラゴンの動き

[モーションパス] [自動方向]

パスによって、意図する動きに設定するテクニックが「モーションパス」です。
複数のレイヤーを同じように動かす場合に使用すると便利です。

 使用する素材

宙をうねりながら舞うドラゴンを作成しましょう。頭・複数の胴体・尾とドラゴンの各パーツをモーションパスで動かし、さらに動きにあわせてレイヤーの向きも自動で変わるように作成します。

合成コンポサイズ：W2135 × H1260
デュレーション：240コマ

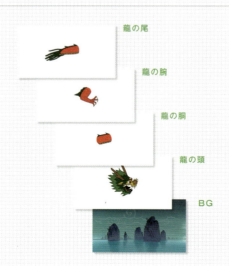

Step 1 合成用コンポジションを作成する

1.合成コンポジションを作成し、各フッテージを読み込んだら、❶のように配置します。龍のパーツ一式はアルファチャンネルがありますので、［自動設定］で処理してください。

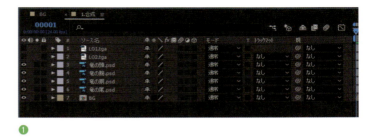

❶

Step 2 軌道を作成する

龍の動きの軌道となるマスクパス作成用レイヤーとして、［レイヤー］メニュー＞［新規］＞［調整レイヤー］で調整レイヤーを作成します。

ツールパネルで［ペンツール］を選択し❶、LO2を参考にコンポジションパネルで調整レイヤーに直接マスクパスを作成します❷。

マスクパスをコピーして、龍の頭レイヤーの［位置］にペーストします。調整レイヤーの［マスク］プロパティから［マスク１］＞［マスクパス］を選択して［コピー］をして❸、龍の頭レイヤーの［位置］プロパティを選択して［ペースト］します❹。龍の頭がモーションパスに沿って動くようになりました。

❶

❷

❸　　　　　　　　　　　❹

Step 3　速度を調整する

龍の頭レイヤーの［位置］プロパティを見ると、ペーストしたマスクパスがキーフレームに変換されています。最後のキーフレームをドラッグして145コマ目に移動させます❶。これで龍の頭レイヤーが145コマかけて移動するようになり、速度を調整できました。
同様にして、龍の胴・龍の腕・龍の尾の［位置］にもマスクパスをペーストし、終了のキーフレームを145コマ目にドラッグします❷。

Step 4　龍をつなげる

龍のつなぎを確認するために、まずは時間を116コマ目に移動させておきましょう。龍の胴レイヤーの［位置］キーフレームを全選択して、**右へ8コマ**移動させます❶。スタートのタイミングがずれて龍の頭レイヤーを追いかける動きになり、頭と胴がつながって見えるようになりました。
同じ要領で、龍の胴をつなげます。龍の胴レイヤーを9つ複製し、［位置］キーフレームを8コマずつ右へずらして配置します❷。
龍の尾レイヤーも、龍の胴の一番後ろから、さらに8コマ右へタイミングをずらして配置します❸。
これで、龍の頭から尾までが一体につながりました❹。

❶

❷

❸

❹

Step 5　龍を動かす

龍の胴が並びはしましたが、つなぎ目がつながっていないので、進行方向に対して各レイヤーが向きを整えるように設定します。
龍のパーツすべてのレイヤーを選択し、[**レイヤー**]メニュー>[**トランスフォーム**]>[**自動方向**]を選択し、[**パスに沿って方向を設定**]を選択します❶。
龍の胴と龍の尾レイヤーは角度がずれたままで自動方向が適用されていますので、角度も調整しましょう。龍の胴と龍の尾レイヤーのプロパティで[**回転：0 x ＋15.0°**]にします❷。
これで、各レイヤーが動きにあわせて方向を自動で調整するようになり、龍の動きが完成しました❸。

❷

❶

❸

 Step 6　龍の腕を配置する

まず、タイムラインパネルで龍の腕レイヤーを龍の胴レイヤーの上に配置させ、[位置]キーフレームも右へ12コマ移動させておきます❶。腕の付け根が胴からずれているので腕を下へ移動させますが、モーションパスを下へ移動させるのではなく、龍の腕レイヤーのアンカーポイント（画面中心点）を上に移動させることで操作します。
龍の腕レイヤーの[位置]キーフレームをすべて削除し、ツールパレットから[アンカーポイントツール]を選択し、コンポジションパネルで龍の腕レイヤーのアンカーポイントを腕の付け根あたりに移動させます❷。もう一度調整レイヤーからマスクパスをコピーして、龍の腕レイヤーの[位置]にペーストして、位置移動の完了です。開始キーフレーム＝21コマ目、終了キーフレーム＝165コマ目に移動して速度を調整すれば、腕の完成です。同様にして、奥の腕と後ろ足も作成し完成です❸。

❶

❷

❸

chapter 03 | Effect Technique 22

時空ワープ
[3D Follow]

時空間を高速で前方に移動しているかのような表現を作成します。
「3DFollow」ともいえるこの表現は、ワープシーンや迫り来る風といった、
手前に向かってくる・もしくは奥へ遠ざかっていくといった
奥行きのある移動を表現する際に威力を発揮します。

 使用する素材

背景素材は使用せず、オールCGで時空ワープのカットを作成しましょう。奥へと進む空間を作成し、光とカラーで時空空間を表現します。

合成コンポサイズ：W2135 × H1260
デュレーション：96コマ

A

平面レイヤーを作成する

1.合成コンポジションを作成したら、エフェクト用に黒い平面レイヤーを作成します。[レイヤー]メニュー>[新規]>**[平面]**を選択し、フレームサイズより幅を大きくした[幅2500×高さ1260]サイズで雲模様レイヤーを作成します❶。

❶

雲模様を作成する

レイアウトに描かれている、時空を移動する際に周りをちぎれ飛ぶ星雲のような素材を作成するため、雲模様レイヤーに[エフェクト&プリセット]パネル>[ノイズ&グレイン]>**[タービュレントノイズ]**もしくは**[フラクタルノイズ]**を適用します。サンプルでは[フラクタルノイズ]を使用します❶。
エフェクトのプロパティを❷のように設定します。

コントラスト　　　:[500]
明るさ　　　　　　:[-50.0]
トランスフォーム
乱気流のオフセット：
1コマ目=[1500.0],[0.0]
96コマ目=[1500.0],[-2000.0]
展開：
1コマ目　=[0]×[+0.0°]
96コマ目=[5]×[+0.0°]

❶

❷

Step 3 空間を作成する

雲模様レイヤーをプリコンポーズします。雲模様レイヤーを選択したら［レイヤー］メニュー＞［プリコンポーズ］で、名前を［BG］、［すべての属性を新規コンポジションに移動］を選択してプリコンポーズします❶。

1. 合成コンポジションに戻り、BGプリコンポジションレイヤーを選択したら［エフェクト＆プリセット］パネル＞［遠近］＞［CC Cylinder］エフェクトを適用し❷、エフェクトのプロパティを❸のように設定し、Aレイヤーの下に配置します❹。

Radius（%） ：［1.0］
Position
PositionZ ：［-2000.00］
Rotation
RotationX ：［0］×［+90.0°］

❶

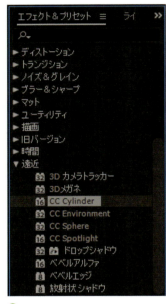
❷

❸

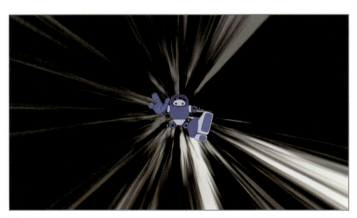
❹

Step 4 継ぎ目を消す

［CC Cylinder］エフェクトはレイヤーを円筒形にまるめるエフェクトなので、中央から上にかけて継ぎ目が出てしまっています❶。これを消すため、BGコンポジションへ移動して雲模様レイヤーを加工します。

ツールパネル＞［長方形ツール］で、雲模様レイヤーの左4分の1ほどをドラッグしてマスクを作成します❷。雲模様レイヤーを2つに複製後、下の雲模様レイヤーのマスクプロパティで［マスク1］の**［反転］**にチェックを入れマスクを反転させます❸。

上の雲模様レイヤーをドラッグしマスクの切れ目がフレーム右端とぴったりになるように右へ移動させます❹。さらに、反転した下の雲模様レイヤーの断面がフレーム左端とぴったりになるように左へ移動させ❺、これで結果として継ぎ目を移動させることができました。

続いて、上の雲模様レイヤーのマスクのみを半分ほど右へ移動させ❻、［マスクの境界のぼかし］を［150］にして境界をぼかします❼。これで継ぎ目を消すことが出来ました❽。

❶

❷

❸

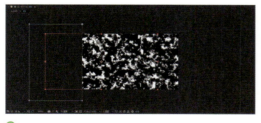
❺

❻

❼

❽

5 模様を加工する

作成したBGの白線の模様をもう少し時空間風に加工します。1.合成コンポジションで、[BGプリコンポジション]レイヤーを選択したら［エフェクト＆プリセット］パネル＞［ブラー＆シャープ］＞［CC Vector Blur］エフェクトを追加で適用し、エフェクトのプロパティを❷のように設定します。

Type：Direction Fading
Amount：100.0

❶

❷

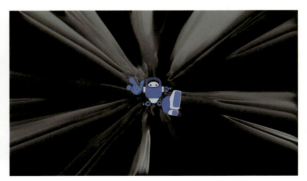

❷

Step 6 放射状のぼかしを加える

BGに放射状のぼかしを加えてスピード感を増やします。BGプリコンポジションレイヤーに［エフェクト&プリセット］パネル＞［ブラー&シャープ］＞**［ブラー（放射状）］**エフェクトを適用し、プロパティを以下の設定にします❶❷。

量　　　　　　：30
種類　　　　　：ズーム
アンチエイリアス：高

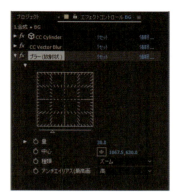
❶

❷

Step 7 カラーを加える

タイムシートの指示通り、BGの光の筋を青白色に設定します。BGプリコンポジションレイヤーに［エフェクト&プリセット］パネル＞［カラー補正］＞**［色相/彩度］**エフェクトを適用し、プロパティを❶のように設定します❷。

色相の統一：オン
色相　　　：［0］×［+230.0°］

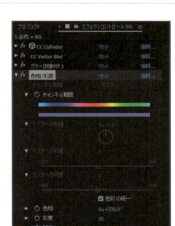
❶

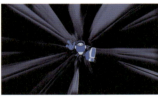
❷

Step 8 光を加える

このままでは光が弱いので、さらに光を加えます。
BGプリコンポジションレイヤーに、[エフェクト&プリセット] パネル>[スタイライズ]>[グロー] エフェクトを適用し、プロパティを❶のように設定します❷。

グローしきい値：30.0%
グロー半径　：60.0

❶

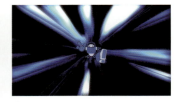

❷

Step 9 粒子を作成する

レイアウトを見ると粒子も描かれているので作成します。1.合成コンポジションにて[レイヤー]メニュー>[新規]>[平面]を選択し、フレームサイズと同じ白平面の、(粒子)レイヤーを作成してAセルレイヤーの下に配置します❶。
作成した[粒子]レイヤーを選択したら、[エフェクト&プリセット]パネル>[シミュレーション]>[CC Star Burst]エフェクトを適用し❷、プロパティを❸のように設定します。

Scatter：236.0
Speed：5.00

さらに粒子へスピード感を加えます。粒子レイヤーを選択したら、[エフェクト&プリセット]パネル>[時間]>[CC Force Motion Blur]エフェクトを適用し❹、プロパティを❺のように設定します。

Motion Blur Samples：255

❶

❷

❸

❹

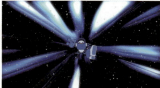

❺

Step 10 粒子を調整する

画面端を飛び過ぎる粒子を、さらに引き延ばして遠近感を強調します。粒子レイヤーを選択したら、[エフェクト＆プリセット]パネル＞[ディストーション]＞[CC Lens]エフェクトを適用し❶、プロパティを❷のように設定します。

Size：147

粒子の光を強くします。粒子レイヤーを選択したら、[エフェクト＆プリセット]パネル＞[スタイライズ]＞[グロー]エフェクトを適用します❸。プロパティはデフォルトのままにします❹。
レイアウトを見ると、BGの光の部分にだけ粒子が描かれているので、そのように加工します。粒子レイヤーの[描画モード]を[ビビッドライト]に設定します❺。
ビビッドライトは合成するレイヤーのコントラストに合わせて焼き込み合成するため明るい部分のみに粒子が表示されるようになりました。これで、時空ワープの完成です❻。

❶

❷

❸

❹

❺

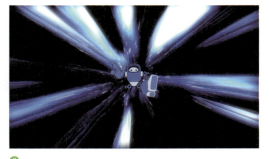
❻

chapter 03 | Effect Technique 23

戦車の砲撃

[3DCG 素材の合成]

3DCG 素材との合成には多くの素材を使用して細かい調整が必要となります。

使用する素材

司令官の合図に合わせて砲撃する戦車のカットです。戦車関連の素材は全て3DCGソフトウェアで作成されており、それをセルや背景と合成して、違和感が出ないように調整をおこないます。

合成コンポサイズ：W2135 × H1260
デュレーション：168コマ

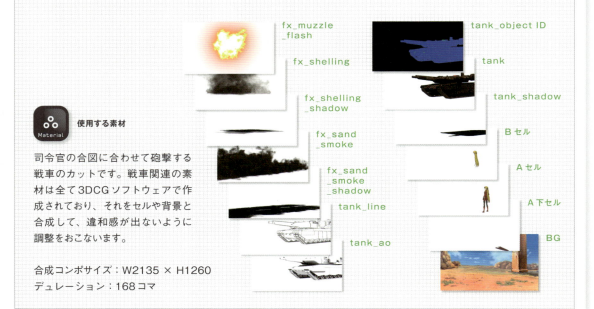

1 合成用コンポジションを作成する

1.合成コンポジションを作成し、3DCG以外のフッテージを読み込んだら、❶のようにタイムシート通りに配置します。この時はまだ3DCG素材は読み込まないでおきます。

❶

2 3DCGフッテージの読み込みと変換

3DCGの各フッテージにはアルファチャンネルがあるので、セル同様に［自動設定］で読み込みます❶。

シーケンスの3DCG素材は最終フレームレートで作成するのが基本なので、今回の素材もすべて最終フレームレートの［30］で作成されていますが、01-03で設定した［読み込み設定］で、読み込むシーケンスフッテージは全て［24］フレームレートで読み込む設定にしてあるため3DCGフッテージは全て24フレームレートの設定で読み込まれています。読み込んだ3DCGフッテージを選択すると、プロジェクトパネル上部に表示されるフッテージ情報で［24.00fps］と表示されているのが確認できます❷。

これを本来の［30］フレームレート設定に戻します。［tank］フッテージを右クリック＞［フッテージを変換］＞［メイン］を選択し、表示された［フッテージを変換］ダイアログの［フレームレート］＞［予測フレームレート］の数値を［30］と変換し、［OK］を押します❸。

これでフッテージのフレームレートが［30］に変換されました。同様に他の3DCGフッテージも全て30フレームレートに変換しておきます。

❶

❷

❸

Step 3 合成コンポジションのフレームレートを変更する

3DCG素材は［30］フレームレートで作成されているので、合成に使用するコンポジションのフレームレートも［30］にする必要があります。しかしこのまま［1.合成］コンポジションのフレームレートを変更してしまうとセルレイヤーに作成した［タイムリマップ］のキーフレームも30フレームレート時の配置に変換されてしまうため、もしセルの配置修正があった場合に、その修正が難しくなってしまいます。そこでセルレイヤーはプリコンポーズして別のコンポジションに移動させておきます。［A下］、［A］、［B］レイヤーを選択したら［レイヤー］メニュー＞［プリコンポーズ］を選択し、
名前を[cel_A下／A／B(24fps)]としてプリコンポーズします❶。
A下セルのWラシ乗算を1.合成コンポジションでも設定されるように［cel_A下／A／B（24fps）］プリコンポジションレイヤーの［コラップストランスフォーム］をオンにしておきます❷。

1.合成コンポジションに移動したら、［コンポジション］メニュー＞［コンポジション設定］を選択し、名前を［1.合成（30fps）］、フレームレートを［30］、デュレーションを［210（7秒＠30フレームレート)］に変更します❸。
タイムラインが30フレームレートに変換されたことで伸びたので、タイムナビゲーターの終了部分を一番右へ移動させて表示させておきます❹。

Step 4 戦車の配置と色合い調整

続いて3DCG素材を配置していきます。BGレイヤーの上に[tank]をレイヤー配置します❶。

戦車の色合いを背景素材に合わせて調整するために、[tank_object ID]素材を使用します。[object ID]とは、オブジェクトの部分ごとに色調整をおこなうための素材で、今回は戦車の装甲とレンズ部分を色調整するための素材となっています。まずは装甲部分の色調整をおこないます。[tank_object ID]を[tank]レイヤーの上に配置します❷。

[tank_object ID]レイヤーを選択したら、[エフェクト＆プリセット]パネル＞[チャンネル]＞[チャンネルシフト]を適用し、エフェクトのプロパティを❸のように設定します。

赤を取り込む：[青]
緑を取り込む：[青]

これで[object ID]レイヤーは白黒状態となりました❹。続いて[レイヤー]メニュー＞[新規]＞[調整レイヤー]を選択し、作成した調整レイヤーを[右クリック]＞[名前を変更]で名前を[彩度調整]として、[tank_object ID]レイヤーの下に配置します❺。
彩度調整レイヤーのトラックマットを[ルミナンスキーマット]に設定したら❻
[エフェクト＆プリセット]パネル＞[カラー補正]＞[自然な彩度]を適用し、エフェクトのプロパティを❼のように設定します。

自然な彩度：[-30.0]

追加で[エフェクト＆プリセット]パネル＞[カラー補正]＞[レベル]を適用し、エフェクトのプロパティを❽のように設定します。

黒出力レベル：[22.0]

これで戦車の装甲部分が背景に合わせた色合いで調整されました❾。

❶

❷

❸ ❹

❺

❻

❼

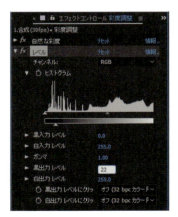

❽ ❾

Step 5 戦車の影素材を合成する

次に戦車の影部分にグラデーション効果を追加し、その影色を調整するために [tank_ao] 素材を使用します。[tank_ao] とは Ambient Occlusion の略称で、周辺光が届きにくいオブジェクトの溝部分等に柔らかい暗がりを表現した素材で、通常の影素材と組み合わせて使用すると深みのある影表現になります。[tank_ao] を [tank_object ID] レイヤーの上に配置して、描画モードを [乗算] に設定して戦車と合成します❶。

輝度を調整します。[tank_ao] レイヤーを選択したら [エフェクト & プリセット] パネル > [カラー補正] > [トーンカーブ] を適用し、エフェクトのプロパティを❷のように設定します。追加で [エフェクト & プリセット] パネル > [カラー補正] > [レベル] を適用し、エフェクトのプロパティを❸のように設定して赤色を加えます。

チャンネル：[赤]
赤の黒出力レベル：[35.0]

少し影が濃いので、[tank_ao] レイヤー > [トランスフォーム] > [不透明度] プロパティの数値を [60%] に設定します❹。

❶

❷ ❸

❹

Step 6 戦車の影色を調整する

続いて、影の色を背景と合わせるための調整をおこないます。[tank_ao]レイヤーを2つに複製します❶。
下に配置しているほうの[tank_ao]レイヤーに適用されているエフェクトをすべて削除して、不透明度プロパティも100%に戻しておきます❷。
影色調整のための素材を作成します。1.合成コンポジションにて[レイヤー]メニュー>[新規]>[平面]を選択し、色を[R:60 G:32 B:32]、フレームサイズと同サイズの〈影色調整〉レイヤーを作成して❸、エフェクト削除したほうの[tank_ao]レイヤーの下に配置します❹。
影色調整レイヤーのトラックマットを[ルミナンスキーマット]に設定します❺。
影色部分を反転させます。エフェクトを削除したほうの[tank_ao]レイヤーを選択したら[エフェクト&プリセット]パネル>[チャンネル]>[反転]を適用し、エフェクトのプロパティはデフォルトのままにしておきます❻。
これで戦車の影色調整ができました❼。

❶

❷

❸

❹

❺

❻

❼

Step 7 戦車のライト部分の色合いを調整する

Step4で作成したレイヤーを複製して、戦車のライト部分の色合いを調整します。彩度調整レイヤーとトラックマットに設定している[tank_object ID]レイヤーの2つを選択したら複製して[cel_A下／A／B（24fps）]レイヤーの下に配置します❶。
[cel_A下／A／B（24fps）]レイヤーの下に移動配置したほうの[tank_object ID]レイヤーに適用されている[チャンネルシフト]エフェクトのプロパティを❷のように設定変更します❸。

赤を取り込む：[緑]
緑を取り込む：[緑]
青を取り込む：[緑]

その[tank_object ID]レイヤーとトラックマット設定になっている[彩度調整]レイヤーの名前を[レンズパーツの色合い調整]へと変更します❹。
[レンズパーツの色合い調整]レイヤーに適用されているエフェクトのうち、レベルエフェクトは削除して代わりに[エフェクト＆プリセット]パネル＞[カラー補正]＞[トーンカーブ]を適用し、エフェクトコントロールパネルで[自然な彩度]エフェクトの上へと移動させて、トーンカーブエフェクトのプロパティを❺のように設定します。
これで戦車のライト部分が背景に合わせた色合いで調整されました❻。

❷

❶

❸

❹

❺

❻

Step 8 戦車全体の明度調整をおこなう

ここまで合成してきた戦車のレイヤーをすべてまとめた状態で明度調整をおこないます。3DCGのレイヤーとトラックマットに設定している、戦車関連すべてのレイヤーを選択したら❶、[レイヤー]メニュー>[プリコンポーズ]を選択して、名前を[tank_comp]としてプリコンポーズします❷。
[tank_comp]コンポジションへ移動したら[レイヤー]メニュー>[新規]>[調整レイヤー]を選択し、作成した調整レイヤーの名前を[戦車明度調整]として、一番上に配置します❸。
[戦車明度調整]レイヤーに[エフェクト＆プリセット]パネル>[カラー補正]>[レベル]を適用し、エフェクトのプロパティを❹のように設定します。

黒出力レベル：[14.0]

これで戦車の明度調整ができました❺。

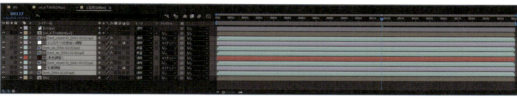

Step 9 戦車にラインを加える

戦車のライン素材である［tank_line］を使用します。3DCGソフトウェアからの出力時、オブジェクトとラインを1枚の素材として出力しても良いのですが、ライン部分を分けて出力しておくとコンポジット（撮影）作業時にラインのみを調整することができます。［tank_comp］コンポジションの一番上に［tank_line］をレイヤー配置します❶。

ラインの太さ調整をします。［tank_line］レイヤーを選択したら［エフェクト＆プリセット］パネル＞［マット］＞［チョーク］を適用し、エフェクトのプロパティを❷のように設定します。

チョークマット：［-0.80］

更にエフェクトを追加します。

［tank_line］レイヤーに［エフェクト＆プリセット］パネル＞［描画］＞［塗り］を適用し、エフェクトのプロパティを❸のように設定します。

カラー：［R：11 G：2 B：1］

これで戦車にラインが加わりました❹。

❶

❷

❸

❹

Step 10 砂煙を加えて色調整をおこなう①

戦車の走行で舞い上がる砂煙素材を合成し、その砂煙を少しセル寄りの色合いに調整します。[1.合成] コンポジションで、[fx_sand_smoke] を [tank_comp] プリコンポジションレイヤーの上に配置します❶。

色調整をおこないます。[fx_sand_smoke] レイヤーを選択したら [エフェクト＆プリセット] パネル＞ [カラー補正] ＞ [トーンカーブ] を適用し、エフェクトのプロパティを❷のように設定して砂煙の色を変更します❸。

色を整えます。[fx_sand_smoke] レイヤーに [エフェクト＆プリセット] パネル＞ [ノイズ＆グレイン] ＞ [ミディアン] を追加で適用し、エフェクトのプロパティを❹のように設定します。

半径：[5]

これで砂煙が滑らかになりました❺。

次に砂煙に作画の線のような輪郭表現を加えます。[fx_sand_smoke] レイヤーに [エフェクト＆プリセット] パネル＞ [ブラー＆シャープ] ＞ [CC Vector Blur] を追加で適用し、エフェクトのプロパティを❻のように設定します。

Amount：[10.0]

これで砂煙にもこもことした模様が作成できました❼。

❶

❷

❹

❻

❸

❺

❼

11 砂煙を加えて色調整をおこなう②

砂煙の色合いを整えていきます。[fx_sand_smoke] レイヤーに [エフェクト＆プリセット] パネル > [カラー補正] > [レベル] を追加で適用し、エフェクトのプロパティを❶のように設定します。

ガンマ：[0.07]

続けて [fx_sand_smoke] レイヤーに [エフェクト＆プリセット] パネル > [カラー補正] > [色合い] を追加で適用し、エフェクトのプロパティを❷のように設定します。

ブラックをマップ：[R：101 G：78 B：69]
ホワイトをマップ：[R：143 G：120 B：113]

これで砂煙に茶色が加わりました❸。
最後にぼかしを掛けて砂煙を散らします。[fx_sand_smoke] レイヤーに [エフェクト＆プリセット] パネル > [旧バージョン] > [ブラー（滑らか）（レガシー）] を追加で適用し、エフェクトのプロパティを❹のように設定します。

ブラー：[15.0]
エッジピクセルを繰り返す：[オン]

これで砂煙が合成できました❺。

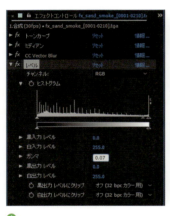
❶

❷

❹

❸

❺

Step 12　発火炎と砲撃の煙を加える

砲撃の際に発生する発火炎とその煙を合成し、煙を少しセル寄りの色合いに調整します。[1.合成]コンポジションで、[fx_muzzleflash]を[tank_comp]コンポジションレイヤーの下に配置します❶。
砲撃のタイミングである167コマ目（134コマ@24フレームレート）だけ表示されるようにデュレーションバーの長さを調整して、描画モードを[加算]に設定します❷。
これで発火炎が合成されました❸。

続いて砲撃の煙を加えます。[1.合成]コンポジションで、[fx_shelling]を、[fx_muzzleflash]レイヤーの下に配置して、167コマ目から表示されるようにデュレーションバーを移動させます❹。
色合いを調整するため、[fx_shelling]レイヤーを選択して[エフェクト＆プリセット]パネル>[カラー補正]>[トーンカーブ]を追加で適用し、エフェクトのプロパティを❺のように設定します。

続けて[エフェクト＆プリセット]パネル>[カラー補正]>[レベル]を追加で適用し、エフェクトのプロパティを❻のように設定します。

黒出力レベル：[50.0]

最後に[fx_shelling]レイヤーの不透明度プロパティを[80％]にして少し透かします❼。
これで砲撃の煙が加わりました❽。

❶

❷

❹

❼

❺

❻

❸

❽

13 地面に映る影を合成する

戦車や砂煙、砲撃の煙による地面への影を合成します。[BG]レイヤーの上に[fx_shelling_shadow]、その上に[tank_shadow]、その上に[fx_sand_smoke_shadow]を配置します❶。配置した3つのレイヤーを選択したら[レイヤー]メニュー＞[プリコンポーズ]を選択して、名前を[shadow]としてプリコンポーズします❷。
[shadow]プリコンポジションレイヤーの描画モードを[乗算]、不透明度プロパティを[60%]に設定します❸。
[fx_shelling_shadow]だけ少し濃いので、[shadow]プリコンポジションの中に移動したら[fx_shelling_shadow]レイヤーの不透明度プロパティを[70%]に設定し、167コマ目から表示されるようにデュレーションバーも移動させます❹。
影の色をキャラクターの影色と合わせます。1.合成コンポジションに移動して[shadow]プリコンポジションレイヤーを選択したら[エフェクト＆プリセット]パネル＞[描画]＞[塗り]を適用し、エフェクトのプロパティを❺のように設定します。

カラー：[R：103 G：63 B：60]

これで3DCGレイヤーの合成作業は完了です❻。

❶

❷

❸

❹

❺

❻

Step 14 画面動と白コマを作成する

タイムシートに指示されている、砲撃の際の画面動と白コマを作成します。[2.カメラ]コンポジションを作成し、02-06で解説した[アンカーポイントを使用した画面動]をもとに、少しの拡大縮小も加えて画面動を作成します❶。

続いて3.フィルターコンポジションを作成したら2.カメラをネスト化します❷。
[レイヤー]メニュー>[新規]>[平面]を選択し、フレームサイズと同サイズの白平面（白コマ）レイヤーを作成して不透明度を

[30%]、描画モードを[加算]に設定して167コマのみに配置します❸。
これで砲撃に合わせて画面が白くなり、閃光表現が加わりました❹。
これでこのカットは完成です。

❶

❷

❸

❹

POINT

3DCG素材との合成は、出力した素材を合成しただけで完成とすることはほぼありません。現場では今回の使用素材よりも更に多くの素材を作成して、色調整だけでなく被写界深度によるぼかしやモーションブラー、光の反射なども調整をおこないます。

chapter 03 | Effect Technique 24

本のページを貼り込む
[ベジェワープ]

雑誌のページやポスター、チケットといった直接描き込むには不向きな素材に対して、
中に描かれているものを別素材として作成し、合成時にその形に合わせて変形させて貼り込みます。

使用する素材

ベッドに寝転んで雑誌を見ているカットを作成しましょう。雑誌のページ部分にページ素材を貼り込みます。

合成コンポサイズ：W2140 × H1260
デュレーション：72コマ

貼り込み素材

Step 1 合成用コンポジションを作成する

1.合成コンポジションを作成し、フッテージを読み込みます。今回は［全セル］のカットなので、背景はありません。この時点では張り込み素材（左）・（右）の2つはコンポジションパネルに配置しないでおきます❶。

❶

Step 2 貼り込む素材を配置する

本の右ページ部分に、素材を貼り込みましょう。張り込み素材（右）をAレイヤーとBレイヤーの間に配置します❶。
作業しやすいようBレイヤーとCレイヤーを非表示にして、張り込み素材（右）の［スケール］［位置］［回転］プロパティで大まかに右ページ部分に合わせます❷。

❶

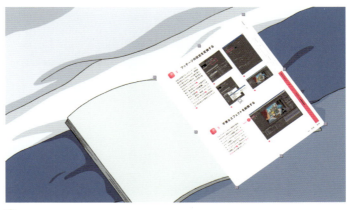
❷

3 貼り込む

［ベジェワープ］エフェクトで貼り込み素材（右）を歪めて、右ページ部分の形状に合わせます。

張り込み素材（右）を選択し、［エフェクト＆プリセット］パネル＞［ディストーション］＞**［ベジェワープ］**エフェクトを適用します❶。

［ベジェワープ］エフェクトを適用すると、コンポジションパネル内の張り込み素材（右）レイヤーの四隅にポイントが出現して、ベジェ曲線で形が変えられるようになります❷。四隅のポイントを本の右ページの四隅に合わせてドラッグし、ポイントから出ているハンドルをドラッグしてページの曲線に合わせます❸。ベジェ曲線をページの輪郭線に合わせるようにドラッグすると形が合い易くなります❹。

ページの色や影部分を貼り込んだ素材に反映させるために、貼り込み素材（右）の［描画モード］を［乗算］にして❺、ページの各色と合成します❻。

❶

❷

❸

❹

❺

❻

Step 4 左ページを配置する

左ページも同じようにして張り込んでいきます。張り込み素材（左）を張り込み素材（右）の上に配置します❶。
張り込み素材（右）の時と同じように、［スケール］［位置］［回転］

プロパティで大まかな配置をおこなったら［ベジェワープ］エフェクトで貼り込み素材（左）を左ページに合うように配置します❷。
ページの左下部分は描かれていませんが、本の形からページの左下

を想像して合わせをおこないます❸。
貼り込み素材（左）の［描画モード］を［乗算］にして、非表示にしていたB・Cレイヤーを表示したら完成です❹。

❶

❷

❸

❹

POINT

四隅だけの変形でしたら03-10で紹介した［コーナーピン］エフェクトが便利ですが、本のページのように張り込む部分が歪んでいる場合は［ベジェワープ］エフェクトを使用します。

POINT

ページをめくる動作がある場合、ページをめくるごとにベジェワープにキーフレームを作成して貼り付け調整をおこないます。セルに合わせた調整となるので最後にキーフレームを停止状態にすることを忘れないようにしましょう。

chapter 03 | Effect Technique 25

パターンを貼り込む

[テクスチャ貼り込み]

キャラクターの洋服に模様を描き込む作業は非常に手間がかかります。
別に用意してある模様素材(テクスチャ)を貼り込むことで、
スカートの柄、壁紙などの模様を簡単に加えることができます。

 使用する素材

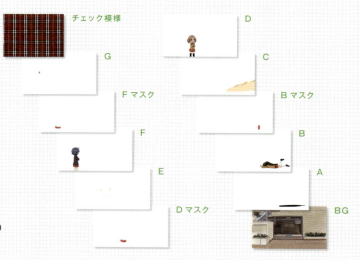

女子高生３人（B・D・Fセル）の
スカートにチェック模様を貼り込
みます。テクスチャ用素材（チェッ
ク模様）と、３人それぞれに貼り
込む部分だけを残したマスク画像
（Bセルマスク・Dセルマスク・F
セルマスク）が必要になります。
サンプルは02-03と同じ素材を使
用します。

合成コンポサイズ：W2143 × H1260
デュレーション：84コマ

Step 1 合成用コンポジションを作成する

1.合成コンポジションを作成し、各フッテージを読み込んだら、❶のようにタイムシート通りに配置します。または［ファイル］メニュー＞［プロジェクトを開く］で02-03のプロジェクトファイルを開き、今回のパターン張り込み作業のために用意されているチェック模様・B

セルマスク・Dセルマスク・Fセルマスクを追加で読み込んでおきます。どちらの場合も読み込んだチェック模様・Bmask・Dmask・Fmaskはまだ1.合成コンポジションにはレイヤー配置しないでおきます。

❶

Step 2 マスク素材を配置する

テクスチャをレイヤーに張り込む際には、張り込み先レイヤーの張り込む部分のみを別にした「マスク」素材が必要になります。色深度を8bpcに変更したら❶、Fセルを複製して、上に配置してあるFセルを選択して［エフェクト＆プリセット］パネル＞［旧バージョン］＞［カラーキー］を2つ適用し、それぞれのカラーキープロパティを❷に設定します。

カラーキー
キーカラー：［R：178 G：69 B：69］
エッジを細く：［1］
エッジのぼかし：［1.0］

カラーキー2
キーカラー：［R：92 G：36 B：36］
エッジを細く：［1］
エッジのぼかし：［1.0］

更にエフェクトを追加します。カラーキーを適用しているFセルに［エフェクト＆プリセット］パネル＞［チャンネル］＞［反転］エフェクト追加適用し、［チャンネル］を［アルファ］に変更します❸。
Fセルのアルファチャンネルが反転し、周りの黒色が表示されてしまったので更にカラーキーを追加適用してキーカラーを［R：0 G：0 B：0］とします❹。
そのFセルのみ表示させると、スカート部分だけの表示となったこ

とが確認できますが、ただしエッジ部分が汚く、うまく切り抜けていません❺。
これはFセルにアンチエイリアス処理がおこなわれていることでエッジ部分が滑らかになっていることが原因です。この素材でも強引にマスク素材として使用もできますが、きれいなマスク素材を作成する場合は「アンチエイリアス」処理がおこなわれていないレイヤーで作成することが前提です。

❶

❷

❸

❹

❺

Step 3 テクスチャを貼り込む

テクスチャを貼り込みます。今回はすでにきれいな状態で作成してあるサンプルのマスク素材を使用します。Step2で作成したFセルマスクレイヤーは削除し、Fセルレイヤーの上にFmaskを、Dセルレイヤーの上にDmaskを、Bセルレイヤーの上にBmaskをそれぞれレイヤー配置します❶。
FセルレイヤーとFmaskレイヤーの間にチェック模様をレイヤー配置します❷。
画面全体をチェック模様が覆っているので、チェック模様レイヤーの[トラックマット]を[アルファマット]に変更して切り抜きます❸。
チェック模様の大きさと位置を❹のように調整します。

位置：[528.0,1065.0]
スケール：[20.0%]

チェック模様レイヤーの[描画モード]を[ピンライト]に変更すれば❺、テクスチャの貼り込みの完成です。Dセルのスカートも同様にテクスチャを貼り付けましょう❻。

❶

❸

❷

❺

❻

Step 4 スライドしているセルにテクスチャを貼り付ける

Bセルのスカートにもテクスチャを貼り付けますが、BセルはA・Cセルを親子関係にしてスライドしています。
時間をスライド開始の13コマ目に移動したら作業しやすいようにCセルを非表示にします。Bセルレイヤーの位置プロパティに作成されているキーフレームをすべて選択してコピーし、Bmaskレイヤーの位置プロパティにペーストします❶。
時間を48コマ目に移動してチェック模様レイヤーの位置や大きさを調整してBmaskとアルファマットに設定したら❷、チェック模様レイヤーをBmaskレイヤーと親子関係にします❸。
このとき、48コマ目から移動させずに親子関係にしましょう。時間を移動した後に親子関係にすると、テクスチャがずれた状態でリンクされてしまいます。これで、Bセルの動きと一緒に貼り込まれたテクスチャも動くようになりました。Cレイヤーを表示させたら完成です❹。

❶

❷

❸

❹

chapter 03 | Effect Technique 26

斜め Follow と回転や揺れの自動計算

[オフセット] [エクスプレッション]

斜め方向への Follow は普通に作成しようとすると複雑になるため、素材を作る段階から工夫が必要です。また、エクスプレッションとは、手間のかかる作業を命令ひとつで簡単におこなえる機能です。規則的な動き・繰り返しの動作等で細かくキーフレームを作成しなければならない時などで威力を発揮します。

 使用する素材

斜め Follow を簡単に作成することと、その Follow に合わせて斜面を転がり落ちる雪玉の回転を滑らず空回りしないように回転させます。また上に乗るキツネの不規則な揺れの作成も1コマ1コマ手作業でキーフレームを作成することや、タイムリマップの繰り返しキーフレーム作成という手間のかかる作業もエクスプレッションで解決します。

合成コンポサイズ：W2135 × H1260
デュレーション：96コマ

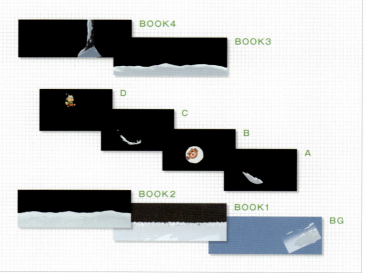

1 合成用コンポジションを作成する

1.合成コンポジションを作成し、各フッテージを読み込んだら、タイムシート通りに配置していきます。BG・BOOK1〜4はすべて水平方向に横倒しになった状態で作成されています❶。

これは、この後におこなう斜めFollow作成において、計算したFollowの移動距離を対象レイヤーの位置プロパティに入力する際、位置プロパティは横のXと縦のYで数値入力が分かれているため、斜め方向となると計算方法も入力も難しくなってしまいます。そこで従来のFollowと同じ入力方法にするために、BGやBOOKは初めから水平、もしくは垂直に作成しておくことが基本です。そのため今回のBG・BOOKも水平の横倒し状態で作成してあるので、それぞれ［0 x +26.34°］回転させて正面に戻してから❷ BGや各BOOKコンポジションの中に入っているレイアウトを参考にそれぞれの位置と大きさを調整します❸。

❶

❷

❸

Step 2 BOOK2の斜めFollowを作成する

わかりやすいBOOK2からFollowを作成していきます。まず移動距離を計算します。

つづいてBOOK2コンポジションレイヤーを選択します❶。
斜め方向へのFollowを作成するために[オフセット]エフェクトを使用します。また、高速でFollowするためBOOK2を繰り返し使用するためにも[オフセット]エフェクトは便利です。[エフェクト＆プリセット]パネル＞[ディストーション]＞[オフセット]エフェクトを適用します❷。
タイムラインパネル＞BOOK2コンポジションレイヤー＞エフェクト＞オフセット＞[中央をシフト]にある[ストップウォッチ]を選択して移動開始となる1コマ目にキーフレームを作成します❸。
移動終了である96コマ目に時間を移動させ、[中央をシフト]の数値表記上で右クリックし[値を編集...]を選択します❹。
表示される[位置]プロパティパネルで、[単位]を「pixel」から「mm」へ変更し❺、横方向Xの数値を設定するため、現在の位置「1292.7542」から左方向へFollowさせるため「-3800.475」

と追加入力し❻、[OK]を押してパネルを閉じてプレビューすると左斜め上方向へ移動していることが確認できます❼。
同じ方法でBOOK1と3も斜めFollowを作成します。

❶ 移動距離の計算

95（96−1） × 15 = 1425
コマ　　　　　mm/K　　　　mm
[移動コマ数]　[1コマあたりの速度]　[移動距離]

❷ 解像度による移動距離修正の倍率計算

192 ÷ 72 = 2.667
dpi　　　　dpi　　　　倍
[画像解像度]　[基準解像度]　[72dpiに対する倍率]

❸ 72dpiでの移動距離に換算

1425（❶） × 2.667 = 3800.475
mm　　　　倍　　　　mm @ 72dpi
[移動距離]　[72dpiに対する倍率]　[入力する移動距離]

❶　　　　　　　　　　　　　　❷

❸　　　　　　　　　　　　　　❹

❺　　　　　　　　　　　　　　❻　　　　　　　　　　　　　　

❼

chapter 03　Effect Technique 26　斜めFollowと回転や揺れの自動計算　[オフセット][エクスプレッション]

POINT

通常、レイヤーを回転プロパティで傾けた状態で位置プロパティを使いFollowをおこなうと、傾いた状態のまま移動してしまいます。しかし［オフセット］エフェクトを使用すると傾けた方向へFollowするようになります。また、［オフセット］エフェクトを使用しない場合は、別コンポジション内でレイヤーをFollowさせて、それをコンポジションごと角度を変える方法をおこなえば簡単に斜め方向へのFollowを作成できます。

Step 3 BGとBOOK4の斜めFollowを作成する①

BGはレイアウトで位置合わせした場所からFollowを始めると背景の端が見えてしまうので❶、最初に96コマ目で［オフセット］エフェクトの［中央をシフト］にキーフレームを作成して、その後1コマ目に移動し、逆算してFollowのスタート位置を決めます❷。
BOOK4はタイムシートに出現のタイミングが書かれているので、それに合わせてFollowさせます。Follow開始前の24コマ目で［オフセット］エフェクトの［中央をシフト］のX（横位置）をドラッグしてBOOK4を画面右端ギリギリに移動させて、キーフレームを作成し、9コマ進んだFollow停止の33コマ目で9コマ分の移動距離を入力します❸。

❶

❷

❸

❸

4 BGとBOOK4の斜めFollowを作成する②

その2つのキーフレームをコピーして76コマ目でペーストします❶。このままだと33～76コマの間でBOOK4が逆走してしまうので、33コマ目のキーフレームのみ選択したら［アニメーション］メニュー>［停止したキーフレームの切り替え］を適用して逆走を防ぎます❷。

❶

❷

5 Bセルのアンカーポイントを移動させる

Bセルの雪玉をその場で回転させるためにアンカーポイントを雪玉の中心へ移動させます。ツールパネルから［アンカーポイントツール］を選択して❶、タイムラインパネルでBレイヤーを選択すると、コンポジションパネルにBレイヤーのアンカーポイントが表示されます❷。表示されたアンカーポイントをドラッグして雪玉の中心に移動させます。このアンカーポイントを軸にして回転するので、中心からずれるときれいな回転が出来ないので、コンポジションパネル下部にある［グリッドとガイドのオプションを選択］からグリッド表示などを使用して❸移動させます❹。

❶

❷

❸

❹

Step 6 B セルを回転させる

続いてBセルをBOOK2のFollowに合わせて回転させます。Bセルレイヤーの回転プロパティにキーフレームを作成して回転を加える方法だと速度を合わせるのに手間がかかるので、ここではエクスプレッションを使用してBOOK2のFollowスピードから回転速度を設定します。

現在の時間を1コマ目に移動したらタイムラインパネル＞Bレイヤー＞トランスフォーム＞［回転］を選択して❶、［アニメーション］メニュー＞［エクスプレッションを追加］を選択します❷。

するとタイムライン上にエクスプレッションフィールドが表示され、エクスプレッションが記述できるようになりました❸。

［エクスプレッション］プロパティにあるピックウィップを使用してBOOK2のFollowとつなげます。先にBOOK2コンポジションレイヤー＞エフェクト＞［オフセット］を開いて表示させ❹、［エクスプレッション］プロパティのピックウィップをドラッグして［オフセット］エフェクトの［中央をシフト］のX（横位置）につなげて［Enter］キーを押します❺。

するとエクスプレッションフィールドに[thisComp.layer("BOOK2").effect("オフセット")("中央をシフト")[0]]と記述されます。

これは、[thisComp.layer("BOOK2").] = このコンポジションにあるBOOK2コンポジションレイヤーの、[effect("オフセット")("中央をシフト")] = エフェクト［オフセット］の［中央をシフト］の[[0]] = X（横位置）の数値をBセル回転の角度数値に置き換えますという意味になります。プレビューするとBセルが高速回転していることが確認できます。

❶

❷

❹ ❺

POINT

位置を表す記述は［0］で、X（横）位置、［1］でY（縦）位置となります。X（横）位置とY位置（縦）両方を記述したい場合は［0,1］とコンマで区切って記述します。

Step 7 Bセルの回転を調整する

プレビューするとBセルの回転が速すぎるので、現状のエクスプレッションに計算式を加えて回転速度を半分にします。
Bセル回転プロパティのエクスプレッションフィールドをクリックしてエクスプレッションを直接記述できるようにしたら❶、半角英数入力で一番最後の［0］の後に［/2］と追加記述します❷。
［/］は「割る（除算）」という意味になるので、これで回転速度が2分の1に落ちました。ところが今度は雪玉が左回転していることがわかるので、これを右回転へと修正します。エクスプレッションフィールドをクリックして先ほど追加記述した［/2］の後に［*-1］と記述します❸。
［*］は「掛ける（乗算）」という意味になるので［-1］を掛けたことで数値の正負が逆転して右回転になりました。
これでBセルの回転は完成です。

❶ ❷ ❸

Step 8 Dセルを左右へ不規則に動かす

Dセルを雪玉の上で左右へ不規則に動かすためにまずはDセルのアンカーポイントをBセル雪玉の中心へと移動させます。Dセルは先ほどアンカーポイントを移動させたBセルと同じサイズなので、タイムラインパネルでDレイヤーの［アンカーポイント］プロパティと［位置］プロパティをBレイヤーと同じ数値にすれば雪玉の中心にアンカーポイントを移動できます❶。
タイムラインパネル＞Dレイヤー＞トランスフォーム＞［回転］を選択して［アニメーション］メニュー＞［エクスプレッションを追加］を選択します❷。

エクスプレッションフィールドに以下のエクスプレッションを記述します❸。

［wiggle（8,10）］

wiggleは不規則に変動を加えてくれます。()の中の数値は左が1秒間に何回変動するかの数値で今回は8回とします。コンマで区切った右の数値は左右への回転の振れ幅です。今回は10°としました。
プレビューすると雪玉に沿って左右へ不規則に移動しているのが確認できます❹。

❶

❸

❷

❹

9　Dセルを上下へ不規則に動かす

同じ要領でDセルを上下不規則に動かします。上下だけに動かしたいので、まずはタイムラインパネル＞Dレイヤー＞トランスフォーム＞［位置］を右クリックして［次元に分割］を選択します❶。
位置がX（横）位置とY（縦）位置に分割されたので、Y位置を選択して［アニメーション］メニュー＞［エクスプレッションを追加］を選択します❷。
エクスプレッションフィールドに以下のエクスプレッションを記述します❸。

wiggle（24,10,2,2）

()の中の数値の意味は、左から1秒間に24回変動、揺れ幅10ピクセル、ノイズ2ノイズの強さ2、です。
プレビューするとDセルが不規則かつ時々ノイズによる突発的な揺れで上下に移動しているのが確認できます❹。

❶

❷

❸

❹

Step 10　A・C・D セルのキーフレームを繰り返す①

A・C・Dセルのタイムリマップは1～3の繰り返しとなっています。このような繰り返しの動きもエクスプレッションで対応できます。Cセルのタイムリマップのキーフレームを、繰り返しとなる8コマ目までを残して、あとは全て削除します。タイムリマップを選択したら、[アニメーション]メニュー＞[エクスプレッションを追加]を選択します。❶エクスプレッションへの記述は[position]を[Postion]と小文字・大文字を間違えるだけでエラーが起こります❷。

正しい記述をするためには[エクスプレッションの言語メニュー]を活用すると便利です。タイムリマップの[エクスプレッション]プロパティで[エクスプレッション言語メニュー]をクリックすると❸、エクスプレッションの一覧が表示され、選択するだけで追加することができます❹。

❶

❷

❸

❹

Step 11　A・C・Dセルのキーフレームを繰り返す②

今回は[Property]メニュー>[loopOut (type = "cycle", numKeyframes = 0)]を選択します❶。
これで最後のキーフレームからレイヤーのアウトポイント方向へ、それまでのキーフレーム全てをループする動きになりました。A・Dセルも同様の作業をおこないます❷。

❶

❷

POINT

エクスプレッションの言語メニューには多くの便利なエクスプレッションが用意されています。また自分でエクスプレッションを考えて記述することもできます。

12 ぼかしを加える

タイムシートを確認するとBOOK3とBOOK4に［ボケ（ぼかし）］指示が書かれているのでそれぞれぼかしを加えます。BOOK3コンポジションレイヤーを選択したら［エフェクト＆プリセット］パネル＞［ブラー＆シャープ］＞［ブラー（ガウス）］を適用して、エフェクトのプロパティを❶のように設定します。

ブラー：［10.0］

BOOK3にぼかし表現が加わりました。同様にBOOK4にも［ブラー（ガウス）］を適用してエフェクトのプロパティを❷のようにします。

ブラー：［20.0］

BOOK4にもぼかし表現が加わり遠近感を演出したらこのカットは完成です。

❶

❷

❸

❹

 POINT

エクスプレッションは必ず半角英数字で入力します。全角や日本語での入力はエラーが起こり入力を受け付けてくれません。

chapter 03 | Effect Technique 27

画面動の自動計算
[エクスプレッション]

02-06で紹介した画面動をエクスプレッションを使用して作成します。
自動作成のうえ、揺れの強弱も設定できるので
意図した揺れを必要としない、不規則な揺れを作成する場合は非常に便利です。

使用する素材

02-06の素材を使用します。揺れ幅や方向、揺れの強弱をすべてエクスプレッションで制御します。

合成コンポサイズ：W2140 × H1260
デュレーション：48コマ

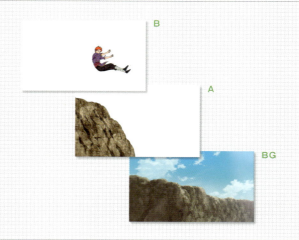

Step 1 合成用コンポジションを作成する

1.合成コンポジションを作成し、各フッテージを読み込んだら、02-06の作業と同じく2.カメラ（24＞30）コンポジションまで作成します❶。

または［ファイル］メニュー＞［プロジェクトを開く］で02-06の［画面を揺らす（画面動作成前）］プロジェクトファイルを開きます。

❶

Step 2 画面動作成の準備をする

2.カメラ（24＞30）コンポジションへ移動します。エクスプレッションによる画面動作成は、直接［1.合成］コンポジションに作成するよりもヌルオブジェクトを作成してそちらにエクスプレッションで画面動を作成し、後から［1.合成］コンポジションレイヤーと親子関係にする方法が修正も簡単で効率的です。［レイヤー］メニュー＞［新規］＞［ヌルオブジェクト］を選択します❶。

作成したヌル1レイヤーを右クリック＞名前を変更❷で［画面動］と名前を変更します❸。

画面動レイヤーを選択し、［エフェクト＆プリセット］パネル＞［エクスプレッション制御］＞［スライダー制御］を適用します❹。

❶

❷

❸

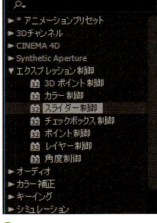
❹

Step 3 画面動をエクスプレッションで作成する

続いて［画面動］レイヤー＞［位置］プロパティを右クリック＞［次元に分割］を選択して、位置プロパティをＸ位置とＹ位置に分割してそれぞれをアニメートできるようにします❶。

これで画面動のエクスプレッションを作成する準備が整いました。今回の画面動は、Ｘ（横）位置の揺れは「現在の位置を中心として１コマごとに左右に揺れる規則的な揺れ」に設定し、Ｙ（縦）位置の揺れは「弱めの不規則な揺れ」という画面動をエクスプレッションで作成します。まずは「Ｘ位置」プロパティを選択して［アニメーション］メニュー＞［エクスプレッションを追加］を適用します❷。

以下のエクスプレッションを記述します❸。

「effect（"スライダー制御"）（"スライダー"）*（(time*24% 2) *1)
+effect（"スライダー制御"）（"スライダー"）*（(time*24% 2-1) *2)」

これにより「画面動」レイヤーは「スライダー制御」エフェクトの数値を１上げると、２〜-2の間で規則的に左右に揺れる動きが完成しました。

続いて「Ｙ位置」プロパティを選択して［アニメーション］メニュー＞［エクスプレッションを追加］を適用して、以下のエクスプレッションを記述します❹。

[effect（"スライダー制御"）（"スライダー"）*random（5,-5)]

これにより「画面動」レイヤーは「スライダー制御」エフェクトの数値を１上げると、5〜-5の間で不規則に上下へ揺れる動きが完成しました。

❶

❷

❸

❹

Step 4 親子関係にする

「画面動」レイヤーの「スライダー制御」数値を「0」にして、「画面動」レイヤーを親として「1.合成」コンポジションレイヤーと親子の関係に設定します❶。
タイムシートの画面動指示に従って「画面動」レイヤーに適用されている「スライダー制御」の「スライダー」に以下のようにキーフレームを作成します❷。

「15コマ目→0」

「16コマ目→20」
「60コマ目→0」

これでエクスプレッションによる画面動の作成は完了です❸。

❶

❷

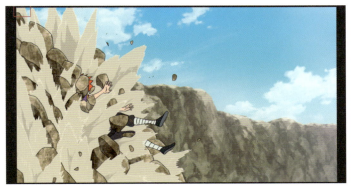
❸

 POINT

画面動レイヤーとの親子関係を解除するときは、[スライダー制御]エフェクトの[スライダー]の数値が[0]となっているコマに時間を移動してから解除します。

chapter 03 | Effect Technique 28

マルチの動きを一括管理

[エクスプレッション]

エクスプレッションを使用すれば、密着マルチの複雑な移動計算が必要となるカメラワークも簡単に作成することができます。

 使用する素材

02-09で作成した密着マルチを、エクスプレッションで作成する方法を解説します。
エクスプレッションを使用して、1つのレイヤーをスライドさせるだけで、他のレイヤーも連動して、スライドをおこなうようにコマンドを作成します。02-09の作業とは異なるので、新たにコンポジションを作成してください。

合成コンポサイズ：W2156 × H1333
デュレーション：144コマ

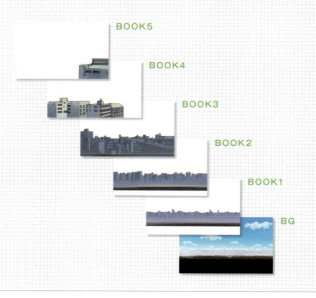

Step 1 合成用コンポジションを作成する

1.合成コンポジションを作成し、フッテージを読み込みます。BGとBOOKはPhotoshopデータなのでコンポジションとして読み込みましょう。❶のようにS.L指定表以外をタイムラインパネルに配置し、レイアウトにあわせて位置やスケールを調整しておきます。

❶

Step 2 ヌルオブジェクトを作成する

すべての動きの元となるレイヤーが必要になるので、**[レイヤー]**メニュー**>[新規]>[ヌルオブジェクト]**❶で、ヌルオブジェクト（ヌル1レイヤー）を作成します。ヌルオブジェクトは、他のレイヤーと同様にプロパティを持ちながらも表示されないレイヤーです。ヌル1レイヤーのプロパティのうち、使用するプロパティの数値を他のレイヤーのプロパティと同じ数値に設定します。BG・BOOK1〜5・ヌル1レイヤーまでをすべて選択して、半角英数入力状態でキーボードの「P」キーを押すと、位置プロパティのみを表示させることができます。今回は移動をおこなうので、ヌル1レイヤー[位置]の数値を他のレイヤーと同じに設定します❷。

❶

❷

3 BGの移動距離を設定する

BGの[位置]プロパティを選択し、[アニメーション]メニュー>[エクスプレッションを追加]を選択します❶。
エクスプレッションに以下のコマンドを入力します。

thisComp.layer("ヌル 1").position*1.0
-[position[0]*0,position[1]*0]

※ヌルと1の間に半角スペース

このコマンドは、
thisComp.layer("ヌル 1").
=このコンポジション内のヌル 1 レイヤーの

position*1.0
=[位置]×1.0の値から
-[position[0]*0,position[1]*0]
=[BGのX(横)位置]×0、[BGのY位置(縦)]×0の数値をそれぞれのX、Yの位置情報から引くという意味で、ヌル 1 の移動に対して、BGの移動距離の比率を求める内容になっています。
ヌル 1 のY位置が[504]から[604]に移動するとき、BGのY位置は、
[604]×1-[504]×0
=604
となります❷。

これでヌル 1 とBGがリンクされ、ヌル 1 をドラッグすればBGも同じ動きをおこなうようになりました。このコマンドが今回のベースです。

4 BOOK 1 の位置を設定する

BOOK1の[位置]にもエクスプレッションを追加し、コマンドを入力します。
thisComp.layer("ヌル 1").position*1.2
-[position[0]*0.2,position[1]*0.2]

BOOK 1 はヌル 1 の動きに対して1.2倍の移動をおこなうようになります。
ヌル 1 のY位置が[504]から[604]に移動したとき、BOOK1のY位置は、
[604]×1.2-[504]×0.2
=624
となります❶。

5 BOOK2、3、4、5の位置を設定する

同様にして、
BOOK 2 は 1.4 倍
thisComp.layer（"ヌル1"）.position*1.4
-[position[0]*0.4,position[1]*0.4]

BOOK 3 は 1.6 倍
thisComp.layer（"ヌル1"）.position*1.6
-[position[0]*0.6,position[1]*0.6]

BOOK 4 は 1.8 倍
thisComp.layer（"ヌル1"）.position*1.8
-[position[0]*0.8,position[1]*0.8]

BOOK 5 は 2.0 倍
thisComp.layer（"ヌル1"）.position*2.0
-[position[0]*1.0,position[1]*1.0]

でコマンドを記述します❶。

❶

6 キーフレームを作成する

これでヌル1レイヤーの［位置］プロパティだけにキーフレームを作成するだけで、他のすべてのレイヤーが指定した移動率で移動し、マルチ表現になります。

ヌル1の1コマ目=［1078.0, 666.5］、108コマ目=［1078.0, 716.5］の位置でキーフレームを作成し、［イージーイーズイン］で後半のみフェアリングを加えます❶。

❶

POINT

コマンドの「position*2.0」の部分の数値が移動率となっており、[position[0]*1.0,position[1]*1.0]の部分の数値は移動幅の倍率から－1.0引いた数と覚えてください。

After Effects for アニメーション

Animation Climax Technique

大平幸輝   Kouki Ohira

アニメーション撮影監督を務めた後、アニメーション制作スタジオ「STUDIO　アカランタン」を立ち上げ、代表を務める。オリジナルアニメーション作品の制作や発表をおこなうと共に、アニメーション制作・コンポジット作業を日本のみならず海外からも請け負っている。いくつかの作品に受賞歴あり。専門学校にて非常勤講師も勤める。

STUDIO アカランタン
URL● https://www.acalantern.com/

AfterEffects for アニメーション［CC対応改訂版］

2017年10月16日　初版第1刷発行
2023年10月15日　初版第4刷発行

著者	大平 幸輝
装丁・デザイン	ナカムラグラフ（中村 圭介・檜垣 有希）
DTP	株式会社フレア
作例制作	藤田 亜耶乃／岡野 由美／会沢 佳奈／土井 嶺／蝦助 佳代子／宮本 律希／柏村 明香／三浦 阿佐美／竹内 雄太／大平 美希
編集	吉川 隆人
発行人	上原哲郎
発行所	株式会社ビー・エヌ・エヌ 〒150-0022　渋谷区恵比寿南一丁目20番6号 fax: 03-5725-1511　　e-mail: info@bnn.co.jp www.bnn.co.jp
印刷・製本	シナノ印刷株式会社

©2017　Kouki Ohira
ISBN978-4-8025-1066-0
Printed in Japan

● 本書の一部または全部について個人で使用するほかは、著作権上、株式会社ビー・エヌ・エヌおよび著作権者の承諾を得ずに無断で複写・複製することは禁じられております。
● 本書の内容によるお問い合わせは弊社Webサイトから、またはお名前とご連絡先を明記のうえE-mailにてご連絡ください。
● 乱丁本・落丁本はお取り替えいたします。
● 定価はカバーに記載されております。